从AIGC到未来建筑

AI建筑必修

从ChatGPT到AIGC

何 盈 主编

中国建筑工业出版社

〈 关于本书的4个基本问题

写这本书的背景是什么？

2022 年，ChatGPT 和 Midjourney 的出现让建筑师们真切地感受到了 AI 的魅力，并掀起了一波对于如何把这些“超能力”融入日常工作，尤其是设计工作的激烈讨论。AIGC（人工智能生成内容）就像一位新搬来的邻居，已经悄悄地走进建筑社区的大门，而我们不得不搬出更多椅子，欢迎它的到来。

为什么此刻要写下这本书？

人工智能技术的发展，让 AI 能做到以前人类无法想象的事情。它可以通过学习数以亿计的图片，发现其中的规律，创造出前所未有的设计；也可以通过分析数百万个设计选项，找出最佳的解决方案；甚至可以瞬间完成对人类知识库的搜索，提高学习和工作的效率。如果说 AI 的核心是算法，即通过大量的数据训练对模型进行优化，从而提高准确率和效率，那么当务之急就是如何获取高质量的数据——特别是来自不同行业的垂类数据。我们正在做的事情——观察、试验、记录 AIGC 在建筑设计中如何应用以及把案例编撰成册——正是希望为建筑设计这个垂直领域的数据库留下此时此刻的数据与线索。坦白说，对于现在 AI 仍无法解答的问题，人类便是最好的导师。本书不仅展示了 AIGC 魔法般的能力，更是一个多学科共创的故事。

在这本书里主要探讨什么？

我们将探讨如何将 AI 融入建筑设计中，探索人与 AI 之间如何取长补短，以及如何使 AI 成为建筑师的强大工具而非替代品，还将讨论 AI 的道德和社会影响。因为随着 AI 的介入，我们需要更加深刻地思考设计决策的后果，以确保我们建造的不仅是美丽的建筑，还有更美好的未来。

这本书是 AI 生成的吗？

本书的内容（包括初始想法、文字编辑、图片等）均由人类和 AI 共同完成。我们邀请了来自国内外的建筑设计师们，试图把 2021 年后诞生的 AIGC 新工具融入建筑设计的流程中，并且把成功和失败的过程都记录下来，让读者们可以通过本书了解 AIGC 在当前建筑设计的不同阶段如何发挥作用。后续章节通过模拟 ChatGPT 一问一答的形式，旨在向读者们展示未来建筑师的工作流程将会发生怎样的变化。同时，希望大家记得，人类宝贵的创造力依然是驱动未来的 AI 给出令人惊叹的回答的原动力。最后，本书还将分享建筑师使用 AIGC 工具的实用建议。希望无论您是一名建筑师、学生还是普通的建筑设计爱好者，都能通过阅读本书打开与 AI 协作的大门。相信人类与 AI 的共创将为建筑设计带来全新的可能性，欢迎大家对 AI 建筑设计能有更多的思考。

目录

关于本书的4个基本问题

CHAPTER 1 AI，你好！ 008

Q01 010 建筑师会被AI取代吗？AI建筑设计该怎么入门？专家们又如何看待新技术？

Q02 013 AIGC是如何发展起来的？

Q03 015 建筑师为什么需要关注AIGC？

Q04 017 应该如何学习和应用AIGC技术？

CHAPTER 2 AI如何变革设计流程？ 018

Q05 020 AI能在哪些方面助力建筑设计流程？

Q06 021 AI对传统建筑设计流程有哪些影响？

Q07 036 如何精简环境与功能类提示词？

Q08 038 为什么生成的图像不符合预期？如何组合提示词才能达到理想效果？

Q09 041 AIGC为什么会产生巨大的影响？

CHAPTER 3 AI陪你从零开始做设计 042

Q10 044 建筑师该如何探寻创作灵感？AI如何帮助设计创作流程？

Q11 049 哪些提示词可以作为灵感来源？

Q12 083 还能通过什么方式来获得更多有趣的建筑概念提示词？

Q13 084 AI工具对于建筑设计的创造性主要有哪些影响？

CHAPTER 4 AI与建筑设计实战 086

Q14 088 AI可以帮忙做项目调研吗？

Q15 093 如何在初步概念基础上丰富已有提示词？

Q16 096 如何筛选与迭代提示词？

Q17 104 AI可以给出一些迭代方向吗？

Q18 106 如何根据建筑体量结合设计概念进行方案深化？

Q19 108 如何完成从草图到效果图的迭代？

Q20 113 有办法可以更精确控制建筑体量吗？

Q21 117 有没有办法根据个性化的设计需求丰富Stable Diffusion的训练数据？

Q22 119 现阶段，在建筑设计中使用AI工具究竟意味着什么？

CHAPTER 5 AI与室内设计实战 120

Q23 122 在不建模情况下，AI工具可以把现场照片还原到干净的空间状态吗?

Q24 124 有办法把空间还原成“毛坯房”吗?

Q25 127 如何把“毛坯房”改成想要的样子?

Q26 129 有没有天马行空地发挥创意的办法?

Q27 130 除了刚刚提到的空间限定词，还需要加上什么?

Q28 137 在室内设计中，AI工具究竟带来了什么?

CHAPTER 6 AI与体验设计实战 138

Q29 140 《三体》系列中，哪10个场景最适合进行视觉化呈现?

Q30 142 可以用视觉化的语言详细描述一下“三体游戏”场景吗?

Q31 143 哪些科幻视觉风格和艺术家作品可能与《三体》故事相配?

Q32 147 如何转换为AI能理解的提示词?

Q33 151 还有可以继续迭代的方法吗?

Q34 154 如何重现《三体Ⅲ：死神永生》未来宇宙飞船“万有引力”号内部场景?

Q35 156 有了AI工具的辅助，如何设计“万有引力”号内部的心理诊疗室?

Q36 160 AI可以再强化，形成整个空间是一只眼睛凝视着观者的感觉吗?

Q37 163 在体验式空间设计中使用AI工具有哪些启发?

CHAPTER 7 AI深化设计，实现时间自由！ 164

Q38 166 AI可以梳理方案深化阶段吗？

Q39 168 方案深化过程中能运用AI技术来提高效率吗？

Q40 170 如何通过AI辅助实现方案可视化和细节推演？

Q41 174 AI工具还能运用什么设计要素快速生成不同方案？

Q42 176 AI如何整合两个不同方案的亮点生成一个新的方案？

Q43 178 对已生成的效果图进行细节微调，有什么快捷方法？

Q44 181 AI工具对建筑设计深化的提效到底意味着什么？

CHAPTER 8 AI如何改变建筑设计未来？ 182

Q45 184 AI技术可以运用在项目落地阶段吗？

Q46 185 人类建筑师有哪些AI难以模拟和学习的优势？

Q47 187 在建筑设计中使用AI工具，需要注意哪些问题？

Q48 188 如何识别和消除AI生成中的偏见？

Q49 190 如何防止过分依赖AI？

Q50 191 如何规避信息安全与知识产权风险？

Q51 192 AI在建筑设计领域还有什么值得期待的突破？

Q52 194 当AI逐渐承担更多的机械性工作，建筑师该干什么？

Q53 195 AI的高度参与，建筑会变成什么样？

Q54 197 建筑师与AI高度协同，人类的空间环境会越来越好吗？

写在后面 198

CHAPTER 1

AI，你好！

Hello, AI!

我是一位建筑学爱好者，近年来，我看到了 AI 技术，特别是语言模型与图像生成模型的迅猛发展，这些技术在建筑设计上的运用让我看到了建筑设计非常让人期待的新未来。

关于 AI 与建筑设计，我有些问题想要请教……

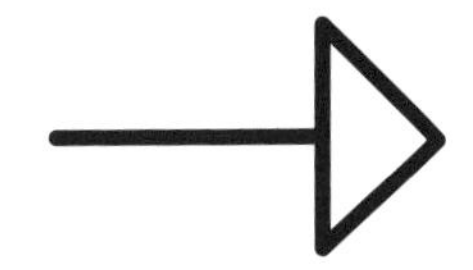

建筑师会被 AI 取代吗？
AI 建筑设计该怎么入门？
专家们又如何看待新技术？

Will architects be replaced by AI?
How should we get started with AI architectural design?
What do experts think about the new technology?

Q01

当下科技发展一日千里，AI 已不再是科幻小说的主题，而是人类生活和工作的重要组成部分。在各行业中，AI 都在重塑人们的理解和操作方式，建筑行业也不例外。随着 ChatGPT、Midjourney 的火爆登场，大家开始意识到 AI 不仅仅是提升效率的工具，也将会带来一种全新的思考、设计和创新方式。在学校，老师会教育大家建筑学并不只是关于新的想法、新的形式，更是关于如何把这些概念变成真实的三维空间体验的过程。作为初学者，我们的优势在于不会被已有的知识框架限制，更有机会探索一种新的融合 AI 的设计创新模式。我们可以从厘清 AIGC 的基本概念及其在建筑设计方面的应用开始，去理解和探索 AI 如何改变建筑设计。

生成式设计和 AIGC 在建筑设计中各有所长，两者都利用 AI 技术来提高设计效率和创新程度。

在传统计算机辅助工程设计中，工程设计创意主要源自建筑师或工程师个人，计算机仅限于扮演被动的工具角色。随着设计相关数据越来越丰富，计算机算力的持续增长以及算法的日趋智能化，计算机已经有可能作为一个独立的创意主体，与设计师建立起合作创意设计关系。一种新的生成式设计应运而生，许多学者和设计大师给出了他们对生成式设计的理解。

英国建筑师拉斯·赫塞尔格伦（Lars Hesellgren）认为："生成式设计不只是关于建筑本身的设计，而是设计建造建筑的完整系统。"

苏黎世联邦理工学院工程设计与计算机系主任克里斯蒂娜·谢伊（Kristina Shea）强调："生成式设计系统的目标是创造新的设计流程，即充分利用当前计算机设计仿真技术和制造能力，生成空间上合理、高效且具有可制造性的设计。"

意大利建筑师和学者切莱斯蒂诺·索杜（Celestino Soddu）指出："生成式设计通过模仿自然，将创意转化成代码，从而达到产出无穷变化的结果。"

牛津大学人工智能伦理研究所的高级研究员丹尼尔·萨斯坎德（Daniel Susskind）博士在他的著作《职业的未来：技术将如何改变人类专家的工作》（*The Future of the Professions: How Technology Will Transform the Work of Human Experts*）中预测："AI将在建筑工作室中执行更多琐碎的管理任务，使建筑师能够腾出时间从事更具创造性的工作。"

哈佛大学设计研究生院客座教授尼尔·利奇（Neil Leach）则指出："（在AI时代）建筑师的问题在于我们几乎完全关注图像，但最具革命性的变化是在不太吸引人的领域：整个设计流程的自动化，从开发初始概念一直到施工。在战略思维和实时分析方面，AI已经远远超出了人类建筑师的能力。"

随着AI技术的不断发展，生成式设计也得到了不断的改进和完善。近年来，生成式设计开始使用深度学习、强化学习等技术，这使得生成的设计方案更加多样化、创意化和艺术化。同时，生成式设计也开始与其他领域相结合，如建筑信息模型、物联网等，进一步提高了设计的效率和质量。目前，在建筑领域，生成式设计可以用于建筑设计、室内设计、城市规划等方面，生成各种类型的设计方案，如住宅、商业、文化等。同时，生成式设计也可以与其他技术相结合，如虚拟现实、增强现实等，为设计师提供更加直观和沉浸式的设计体验。

生成式设计（Generative Design）：一种利用计算机编程和算法生成建筑设计的方法，其中参数化设计便是一种生成式设计。它基于可调整的参数，如尺寸、形状、材料等，通过自动化处理和探索性设计，快速生成多个不同的设计方案，可提高设计的灵活性、可重复性和定制性。这种方法广泛应用于复杂建筑形式设计、结构设计、能源效率优化等领域，有助于加速设计过程，提高设计质量，促进建筑领域的创新发展。

人工智能生成内容（Artificial Intelligence Generated Content，AIGC）：由 AI 系统生成的内容，包括文字、图像、音频等各种形式的创作。AIGC 的定义涵盖了使用自然语言处理、机器学习和深度学习等技术来生成内容的过程。通过分析和学习大量的数据，AI 系统可以模仿人类的创作风格和思维模式，创作出高质量的内容。AIGC 在建筑设计中的应用则涉及更广泛的内容生成和分析。例如，AIGC 可以将设计草图一键转换成效果图，还可以通过多角度的效果图生成三维模型，从而提高工作效率。此外，AIGC 还可以基于对项目的有效识别，针对住宅、商业地产等常用民用建筑类型。

机器学习：AI 的一个组成部分，可让系统通过输入大量数据来使用神经网络和深度学习进行自主学习和改进，而不需要明确编程。机器学习可让计算机系统通过累积更多“经验”来不断调整并增强自身功能。

自然语言处理（Natural Language Processing，NLP）：一种 AI 领域，涉及处理和理解自然语言的方法，用于分析和生成文本数据，如文章、诗歌等。

深度学习（Deep Learning）：一种机器学习方法，模仿人脑神经网络的工作原理，用于训练大规模神经网络，广泛应用于生成式设计和 AIGC 技术中。

建筑信息模型（Building Information Modeling，BIM）：一种数字化的建筑设计和建造方法，将建筑的各个方面信息集成在一个统一的三维模型中，有助于提高设计和施工的效率、精度，加强协同工作。

虚拟现实（Virtual Reality，VR）：一种通过计算机生成的虚拟环境，可用于建筑设计中的沉浸式体验和模拟环节。

增强现实（Augmented Reality，AR）：一种将虚拟信息叠加到现实世界的技术，可用于建筑设计中的可视化和交互环节。

物联网（Internet of Things，IoT）：一种计算设备、机械、数字机器相互关系的系统，具备通用唯一识别码（Universally Unique Identifier，UUID），并具有通过网络传输数据的能力，无需人与人或人与设备的交互。

AIGC 是如何发展起来的？

How did AIGC develop?

Q002

AIGC 被认为是继专业生产内容（Professionally Generated Content，PGC）、职业生产内容（Occupationally Generated Content，OGC）以及用户生产内容（User Generated Content，UGC）之后的新型内容生产方式，是随着 AI 技术的发展和进步而出现的。以下是其发展的几个关键阶段：

1. 早期萌芽阶段 20 世纪 50 年代~90 年代中期

AIGC 发展的早期阶段，受限于技术水平，主要用于试验和探索如何利用 AI 技术生成不同类型的内容，例如新闻、音乐、诗歌等。这时的 AIGC 技术主要是基于规则和算法，通过预先设定的规则和算法来生成内容。例如，在自然语言处理领域，人们尝试使用规则和语法知识来生成语句。这种方法是基于事实和事件的语法知识和语言处理技术，使用人工编写的模板来实现自动化新闻稿件生成。然而，这些早期 AIGC 技术受限于规则和模板的缺陷，生成的内容通常缺乏个性化和创意，尚未达到真正的智能化。

2. 沉淀积累阶段 20 世纪 90 年代中期~21 世纪初叶中期

随着技术的进步和深度学习算法的发展，AIGC 开始逐渐走向实用化，但受限于算法，尚无法直接进行内容生成。这一阶段，AIGC 技术开始在不同领域中应用，包括新闻、广告、音乐、电影、游戏等。这种方法提高了效率并降低了成本，为知名公司和机构投入大量资源与人力进行 AIGC 技术的研发、应用提供了机会。同时，AI 生成的音乐、图像和视频等内容开始出现在各种应用场景中。计算机科学家吴恩达指出："AIGC 可以帮助人们创造高质量的内容并更好地理解复杂的数据和信息。"

3. 蓬勃发展阶段 21 世纪初叶中期至今

近年来，随着深度学习算法的不断进步，AIGC 技术取得了显著进展，在多个领域广泛应用。2022 年，OpenAI 发布了基于自然语言处理的应用 ChatGPT。在自然语言处理领域，GPT-3.5 等模型已能生成高质量的文章、诗歌等。同时，在图像处理领域，DALL·E、Midjourney、Runway 等工具也已经能够生成逼真的图像和视频。知名人物和公司也开始关注 AIGC 技术的创新和应用。

总的来说，AIGC 的发展历史与自然语言处理技术密不可分。随着技术的不断进步和应用范围的持续扩展，AIGC 将在各个领域中发挥更重要的作用。

建筑师为什么需要关注 AIGC?

Why do architects need to care about AIGC?

迄今为止，建筑仍然是一个高度依赖人工模式的行业，相对于工业 3.0 和 4.0 领域来说，显得相对滞后。然而，这个局面正在发生巨大变化。我们已经看到，在一些发达地区 BIM 技术已经取代了传统的图纸设计，而 3D 打印技术也日趋成熟。在可预见的未来，AI 驱动的生成式设计将与这些新工具相结合，颠覆传统的建筑行业。在 20 世纪 80 年代，CAD 软件极大提高了设计效率；在 21 世纪初，参数化设计和计算机数字控制机床使得曲面建筑成为可能；如今，AI 正在彻底改变线性设计流程。

生成式设计也为产品开发提供了更大的灵活性。开发阶段不再有僵化的限制，更鼓励创造性的试验。这使得建筑师能够考虑更多“高风险”的创意，而不必担心失败的概念设计可能带来的时间和金钱的损失。换句话说，生成式设计、AI 以及 VR 等技术的进步让设计过程更灵活，最大限度地释放创造力，使建筑师能够更好地发挥所长。

> 总的来说，生成式设计过程的限制大大减少。信息技术基础设施使建筑师能够同时尝试多种设计方案而不必付出高昂的成本；同时生成式设计可以根据特定的标准来转换设计目标，无论这一目标是以生产成本为主还是审美偏好为主。有了这种灵活性，建筑师可以创造出适应市场需求的产品，而不受规格限制，这是因为生成式设计显著提高了工程和产品开发的效率，改善了与工程师的互动，减少了反复反馈的过程和传统的设计障碍。

AI可以优化特定的工程参数，同时还可以考虑商业参数，如成本、视觉效果和功能等因素。特别是在与自动化管理软件配合使用的时候，自动化的设计实践可以确保更高效、更具创意和生产力的产出。技术发展一日千里，用户需要学习如何使用这些新工具。

幸运的是，在互联网时代，学习变得前所未有地简单，我们可以远程加入全球AI领域顶尖专家的课程，生成式设计有望轻松融入工作流程，无论是产品工程师还是建筑师都将受益匪浅。

工业3.0：电子信息化时代，即20世纪70年代开始并一直延续至现在的信息化时代。在升级工业2.0的基础上，广泛应用电子与信息技术，使制造过程自动化控制程度大幅度提高。生产效率、良品率、分工合作效率、机械设备寿命都得到了前所未有的提高。在此阶段，工厂采用大量真正地使用自动化控制等电子信息技术的机械设备进行生产。机器能够逐步替代人类作业，不仅接管了相当比例的“体力劳动”，还接管了一些“脑力劳动”。

工业4.0：德国政府在2013年提出的《德国2020高技术战略》(*2020 High-Tech Strategy for Germany：Idea，Innovation，Prosperity*)中确定的10大未来项目之一，并已上升为国家战略，旨在支持工业领域新一代革命性技术的研发与创新。工业4.0是实体物理世界与虚拟网络世界融合的时代。未来10年，基于信息物理系统(Cyber-Physical System，CPS)的智能化，人类将步入以智能制造为主导的第四次工业革命。产品全生命周期、全制造流程数字化以及基于信息通信技术的模块集成，将形成一种高度灵活、具有个性化的数字化产品与服务新生产模式。

应该如何学习和应用 AIGC 技术?

How should we learn and apply AIGC technology?

1. 基础知识

了解生成式设计和 AIGC 的基本概念、原理和应用场景。可以通过在线教育平台或社交媒体获取最新的相关课程，还可以阅读相关书籍和学术论文，逐步建立起扎实的知识基础。

2. 探索工具

熟悉、掌握与生成式设计和 AIGC 相关的工具与软件。例如，了解 ChatGPT、DALL·E、Stable Diffusion、小库等工具及其使用方式与参数优化方法等，学习应用 AI 生成图像、文本和视频的方法。

3. 尝试实践

尝试在实际的建筑设计项目中应用生成式设计和 AIGC 技术。可以从一些小规模的项目或者特定的设计任务开始，如外形优化、材料选择等，通过实践来加深理解和掌握技术的应用。

4. 持续学习

由于生成式设计和 AIGC 技术在不断发展和演进，建筑师需要持续学习并跟进最新的技术进展。可以通过参与行业研讨会、学术会议、加入专业社群或关注相关的学术和行业媒体等途径来获取最新信息与趋势。

5. 专业合作

与 AI 算法、AI 模型训练领域的专家合作，可以更深入地理解 AI 的产生与调整方法，开发训练具有专属功能的 AI 工具或模型。或者与 AIGC 领域的专家合作。他们可以提供实际案例、技术指导和实践经验，帮助建筑师更好地应用生成式设计和 AIGC 技术。

Q04

CHAPTER 2

AI 如何
变革设计流程?

How is AI
Transforming the Architectural
Design Process?

AI，你好。

作为一名刚刚迈入 AI 行业大门的建筑从业者，我真切地感受到 AIGC 对建筑行业带来的影响，AI 工具也正在越来越多地参与建筑设计的各个流程。

接下来，我想了解一下当前在设计的各个阶段 AI 是如何发挥作用的。

AI 能在哪些方面助力建筑设计流程？

How can AI assist the architectural design process?

Q05

现阶段，以生成式 AI 为主的通用模型主要在前期研究、概念探索以及方案设计阶段帮助建筑师寻找灵感、提高效率。虽然 AI 还无法取代建筑师，但能够掌握 AI 工具的建筑师可以从重复工作中解脱出来，专注于设计中更重要的部分。

人类从走出洞穴的那一刻起，便开始通过建筑改变生活环境。这一过程可以简化为从一个想法或需求开始，收集信息（设计研究），然后根据限制条件（规范或技术限制）调整我们的想象，创造一套指导施工的方法（图纸），最终监督并完成建造的线性过程。这一套流程中的设计部分历经千年在当下固定为前期研究、概念设计、方案设计、扩初设计、施工图设计。虽然这套设计流程经久不变，但随着计算机技术的发展，建筑师使用的工具产生了巨大的变革，从传统的手绘图纸到 CAD 制图再到正在普及的 BIM 设计与施工，都在帮助建筑师更好地传达设计想法，降低沟通成本，提升工作效率，提高设计与施工质量。利用详细的三维模型，我们可以实现建筑对周边环境的影响模拟，建筑内部的结构优化以及施工过程的模拟，更好地优化建筑设计。这样的提升也反过来影响了建筑设计的流程，建筑师必须与其他专业人士、客户、使用者以及场地周围的居民一起讨论设计，对设计进行迭代，让建筑更符合人们的需求。

最近，借助 ChatGPT、Midjourney 以及国内的万知、通义万相等基于大模型的新工具，建筑师比以往任何时候都有更多机会使用最新的技术，来提升设计的效率。而借助 Delve、TestFit、Plan Finder、ARCHITEChTURES 等专业的建筑类 AI 工具，建筑师可以进行及时的设计验证、风险管理和成本控制，更好地与客户进行沟通。

AI 对传统建筑设计流程有哪些影响?

How does AI affect the traditional architectural design process?

传统建筑设计流程

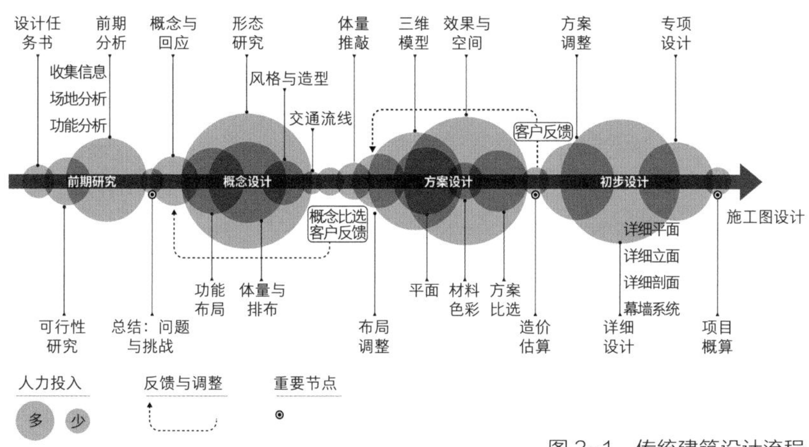

图 2-1　传统建筑设计流程

1. 传统前期研究

建筑师在项目早期阶段进行的研究分析工作，其中包括对场地物理环境与历史文化的分析、对客户需求的分析以及对于区域管辖机构上位规划的研究，从而了解项目的定位、资源与限制。除此之外，前期阶段可能会对接客户的市场营销目标，尤其是商业与居住项目，会对项目进行可行性分析，综合考虑多项数据，测算投资回报比例，并在规划层面进行“拿地方案”的设计。这部分工作需要建筑师吸收大量的资料数据，对场地进行走访调研，快速生成强排或者其他体量模型进行测试。

2. 传统概念设计

概念设计是建筑师以概念性的方案回应某种需求的设计过程。这个阶段是建筑师最能发挥创意的部分，不同的建筑师有不同的设计方法。无论采用何种方法，这一阶段建筑师将需要把客户的需求和目标转化为富有创意的设计概念，构思出建筑的基本理念以及整体愿景。在此阶段，有的建筑师利用以往的案例举一反三推导出功能区域所需的面积与最佳的排布方案，有的建筑师会优先测试建筑体量以及与周围环境的关系。如果项目涉及多个建筑体，还会测试多种空间排布组合方案。这个阶段，需要快速生成多个不同的模型进行测试，在合理、高效、创新、美学之间寻求平衡点。随着信息的增加，建筑师和客户共同在多个选项中筛选出较少的选项，并在概念阶段结束后与客户确定最终的设计深化方向。

这个阶段需要与客户进行快速沟通，确定建筑的功能和形式是这个阶段最重要的目标，高效的意见反馈与工作流程可以更好地确定方案的走向。

3. 传统方案设计

在概念设计的基础上，建筑师会更深入地设计建筑的功能分区与空间布局，考虑交通流线与空间利用效率。在形态方面，基于之前确定的形态，丰富建筑的外观特征，包括外部的材质、色彩的选择以及探索不同建筑造型与立面设计。分析图、三维模型和渲染图都是这一阶段非常重要的沟通工具，准确清晰的图纸有利于建筑师和客户进行沟通，并按照客户的建议进行必要的反馈。这一阶段的重要目标是形成一个清晰明确的建筑方案，以创意赋予建筑特色，以专业的设计能力解决问题，确保最终的设计方案符合客户需求和项目目标。在方案设计过程中，会涉及初步的预算评估，这往往会影响设计的方向，需要建筑师根据预算调整设计，甚至有时会推翻前期的概念重新设计。

4. 传统扩初设计

扩初设计是连接概念性的想法与最终的施工文件的桥梁，进一步确定建筑的内部空间、平面布局、立面形式、室内外标高以及室内房间的布局等。材料选择也是非常重要的一部分，包括装饰材料、外墙材料、屋顶材料等。同时有很多相关专业的工程师会进入项目，将机械、电力与管路等专项设计融入建筑之中。目前很多大型项目在这个阶段会使用 BIM 进行设计，有相对完整的 BIM 模型并检测其中潜在的任何冲突。在这个阶段的结尾，建筑图纸相对明确的情况下会由专业的造价咨询方提供详细的成本估算，确保方案造价在预算之内。

5. 传统施工图设计

建筑设计过程中的最后一个主要阶段，所有建筑元素，包括墙体、梁、柱、楼梯、门窗等，都将被详细设计，每个建筑元素的尺寸、细节样式、材料都被精确规定，确保设计的准确性和一致性。建筑师还会出具建筑材料数量清单，用于估算施工成本和物料需求。在这个阶段，建筑设计得到了最终的详细规划和表达，为施工提供了准确的依据。

AI 变革建筑设计流程

在新技术的加持下，我们可以在设计的不同阶段获得 AI 助力，开阔视野、提升工作效率，探索设计的边界。

1. AI 变革前期研究

AI 工具的应用可以为建筑师提供更多数据支持、快速的信息处理和分析能力。特别是在进行项目的可行性研究时，工具如 Sidewalk Labs 公司的 Delve 和 Noah 等能够帮助确定建筑面积、层高、大致功能以及投资回报等重要参数。对于大尺度城市设计项目，如住宅区和商业园区，这些工具结合上位规划和规范要求，能够迅速而精确地计算场地的开发容量以及相应的布局形态。建筑师可以借助大语言模型如 ChatGPT，高效阅读上位规划文件和各种产业报告，快速了解项目的背景和需求，同时分析大量相关数据和文献资料。这有助于处理和归纳信息，提出初步的建议，显著减轻建筑师的工作负担，提高工作效率。

此外，一些新软件如 Autodesk Forma 可进行规划级别的环境可持续性分析，协助开发商和建筑师预防潜在的环境影响。

一些 AI 工具能够协助建筑师进行图像处理与分类，计算整体区域的感知系数。当涉及用户调研和公众参与时，自然语言处理和情感分析技术有助于建筑师更好地理解公众参与过程中的意见和需求，为他们提供客观的反馈。

在这一阶段，不仅要熟练掌握新工具的使用方法，更要学会提出合适的问题——这是建筑师需要掌握的最为核心的技能。

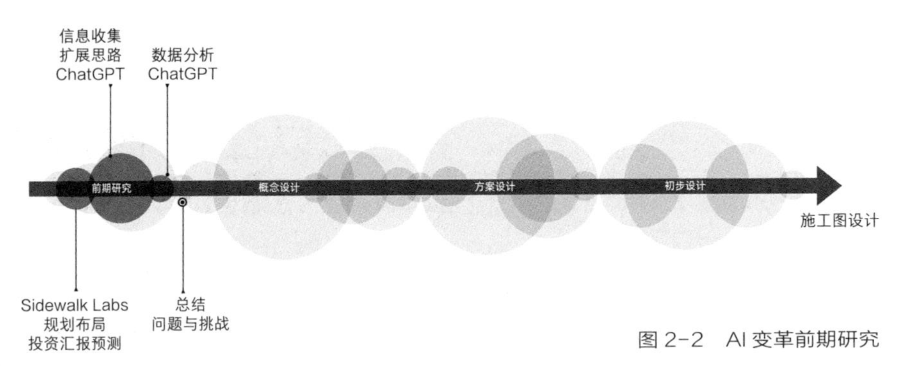

图 2-2　AI 变革前期研究

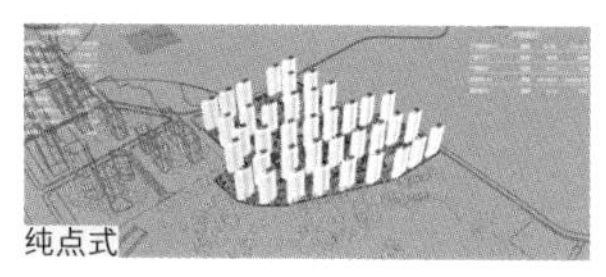

户型：450m²
高度：80m
最大容积率：2.81

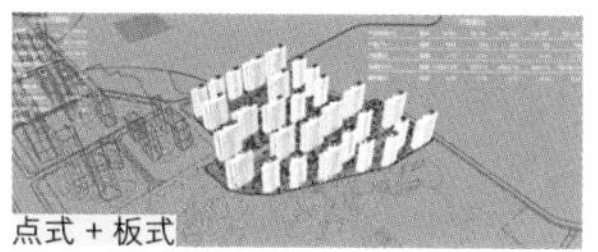

户型：450m²、800m²
高度：80m
最大容积率：3.28

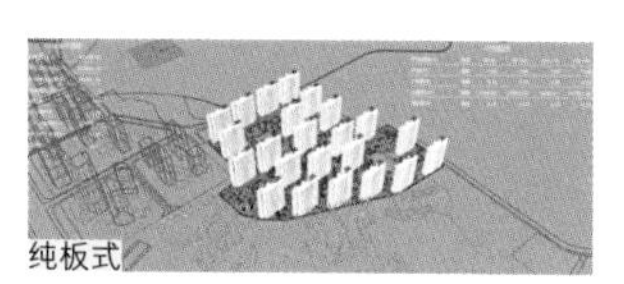

户型：800m²
高度：80m
最大容积率：3.48

图 2-3　Noah 在居住区规划方面的应用

Sidewalk Labs（人行道实验室）：谷歌旗下的智慧城市子公司，致力于通过前瞻性城市设计和尖端技术解决城市面临的最大挑战。他们利用 AI 与数据将城市设计、建筑形态、城市公共空间与项目的财务数据、能源模型、场地限制、城市交通、碳排放、可持续等评价指标融合在一起，开发了 Delve 工具，用于自动化生成设计，并提供更直观的对比，优化设计评价流程。他们于 2019 年将这一套系统用于加拿大多伦多东部滨水区的开发设计中，努力实现更高水平的可持续开发，创造更多经济收入，为低收入群体提供更多的选择以及新的交通模式。

与传统设计流程一样，前期阶段是一个信息收集、组合和整理的过程。但在 ChatGPT 和 Midjourney 的协助下，我们可以将复杂的信息提取并转化为一系列提示词（Prompt）。这些提示词就像魔法咒语一样，帮助我们将抽象的文字信息转化为具体的图像和概念，把抽象的概念变成具象的空间。为了更好地与概念设计阶段对接，我们将收集到的信息分为两类：限制性信息和发散性信息。限制性信息包括设计场地、周边环境特征和建筑用途等方面的具体信息；而发散性信息则可以无限延展，包括设计理念、形态、材质或相关的知名案例等。发散性信息提供了无数可能性的组合方式，而限制性信息则将它们限定为几个切实可行的选项，以实现设计的优化。传统设计模式受到人类工作效率的限制，往往只能深入讨论几个基于以往经验的可行方案，难以触及想象力的边界。在 AI 的支持下，我们可以突破传统思维的局限，尝试更多的组合方式，超越传统理性思考的边界。或许某些富有实力的客户也会愿意突破传统的束缚，将不可能变为可能。本书将建筑概念设计提示词分为以下 3 种类型：

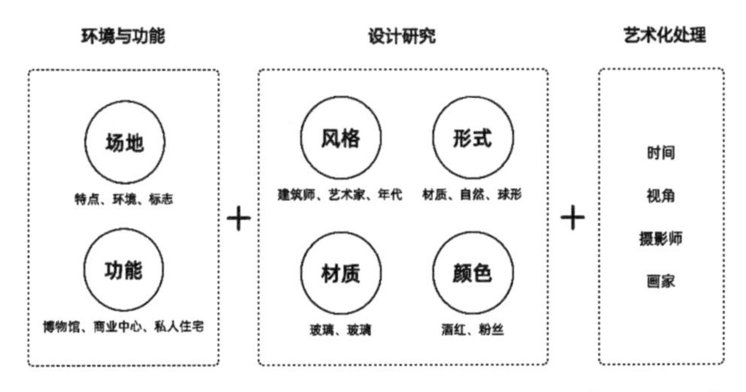

图 2-4　利用 ChatGPT 进行前期研究

① 环境与功能类提示词

环境与功能类提示词属于限制性提示词的一种。在设计过程中，首先对项目所在的环境进行深入研究，然后根据这些信息添加提示词。Midjourney 已经在训练中包括了大量与文化相关的信息。例如，相同的提示词加入“北京”或“香港”，将产生不同的结果。此外，还可以引入特定的文化符号，比如流行文化中的“星球大战”或传统的“中国园林”，都可以对结果产生影响。自然环境也是提示词的重要组成部分，例如“热带风格”“森林中”或其他行星的环境，都能为建筑赋予独特的氛围。

② 设计研究类提示词

设计研究类提示词属于发散性提示词。通过组合和替换这些提示词，我们可以以低成本的方式探索多种设计可能性。这种巧妙的提示词组合方法能够轻松地获取多个激发设计灵感的图像，有助于我们实现从概念到设计的顺畅过渡，甚至帮助我们打破传统思维模式的桎梏，ChatGPT 在这一过程中发挥了关键作用。借助 ChatGPT，我们可以高效地获取和扩展提示词，突破认知限制，丰富设计的风格、形式、元素、组合方式、材质和颜色。深入研究这些提示词，特别是研究它们如何反映设计理念，将有助于更好地实现设计效果，将概念转化为创作。

图 2-5　普林斯顿校园新建筑与旧建筑结合的 AI 生成结果

③ 艺术化处理类提示词

艺术化处理提示词可以进一步丰富和提升设计的质感与氛围，凸显设计的亮点，强调设计概念。在前期阶段，概念表达比建筑细节更为重要，过于详细的效果图常常会使建筑师与客户的讨论偏离主题，在实际项目中，我们通常采用艺术化处理技巧，如使用水彩草图风格或选择特定的时间、天气和视角。而在概念设计后期，通过在提示词中加入某位画家或摄影师的元素，可以为效果图带来独特的视觉效果，增强设计的感染力。

图 2-6　用 AI 工具将 AI 生成的真实效果图转换为水彩风格

2. AI 变革概念设计

这是 AI 最能够发挥作用的阶段，它可以化身智能引导员，帮助建筑师把海量信息以有意义的方式组合起来，将文字、案例最终转变为独特的创意设计。以往建筑师需要利用上一阶段收集到的案例、信息以及自身经验，通过思维组合的过程，产生解决方案，再经过建筑的功能布局、体量以及预算等其他因素进行验证。在 AI 工具的帮助下，这个模糊的思维组合过程转变为提示词的组合与挑选的过程，让 AI 生成二维图像，暗示建筑的风格、材质与可能的三维模型。建筑师也可以通过将非传统的信息加入提示词，创造出更具想象力的设计。

比如 DALL·E 经典的牛油果座椅测试，可以通过把两个完全不相关的物体组合在一起，生成有趣的结果。在验证阶段，我们可以用 TestFit 针对建筑面积、分区和建筑规范等特定要求进行优化，快速测试不同的设计选项，利用工具的实时反馈和分析，帮助用户就建筑配置、单元组合和建筑设计的其他关键方面作出明智的决定。

新的工具可以实现建筑造型、功能、布局的联动，同时调整造型与内部体量，快速得到客户的反馈，从而将更多时间专注于少数关键选项的优化上。

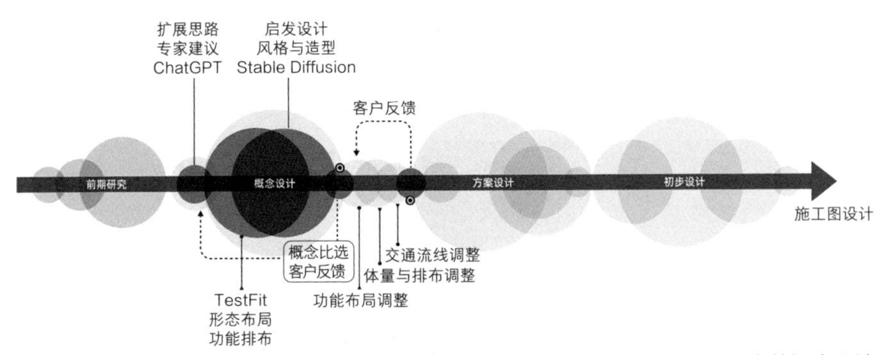

图 2-7　AI 变革概念设计

在这个阶段，建筑师第一个要学习的新技能是如何挑选和组合提示词去实现想要的效果；第二个是要提升判断力，利用自己的经验和审美在众多选项中挑选出最有潜力的设计方向。但是在使用这些工具之前，一个好的建筑师应该做好功课，在脑海中对目标方案有一个想象的图景。如果没有这样的概念，只是单纯地被 AI 工具牵着鼻子走，那 AI 最终只能产生一些常见的设计或是胡乱拼贴的“四不像”，建筑师的价值将不复存在。AI 时代的建筑师需要拥有前所未有的自信与坚持，才可以避免在 AI 的大潮中迷失自我。

随着 AIGC 工具的不断发展，建筑师能够在较短时间内尝试多种设计概念，通过更改提示词、借助 LoRA 模型实现快速迭代。我们利用前期研究阶段整理的提示词，将其输入 AIGC 工具生成设计概念，然后内部进行评估，并向客户汇报以获取反馈。在反馈的基础上，我们可以修改提示词或者对检查点模型（Checkpoint Model）和 LoRA 模型进行调整。

提示词（Prompt）：输入 Midjourney 或者 Stable Diffusion 等图像生成软件的文字。软件通过解读提示词生成与这些表述相关的图像。

反向提示词（Negative Prompt）：一段影响图片生成的文字，但是软件会避免产生与这些文字相关的内容。比如说低质量（low quality）、潦草（scribble）都是典型的反向提示词。

牛油果座椅测试：2021 年 1 月 5 日发表在《麻省理工科技评论》（*MIT Technology Review*）的一篇关于 GPT-3 的报道中使用“牛油果座椅”这个提示词产生了一系列牛油果座椅图片，代表 AIGC 有了新的突破。

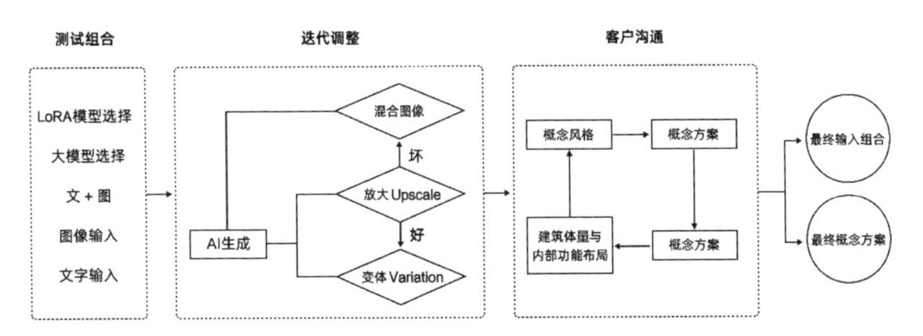

图 2-8　利用 AI 进行概念设计

通过多轮快速迭代，我们能够得到客户认可的设计方向。因此，AI在概念阶段的贡献在于快速测试客户的偏好和风格，确定设计方向，让建筑师能够将时间用在更重要的设计任务上。然而，这种快速迭代的设计方法与传统的建筑教育有很大不同。在设计教育中，设计是一个不断探索的过程，如果一开始就设定了一个明确的结果，而建筑师只是达成这一结果的工具，那就难以体现建筑师的价值。而在实际项目中，我们接触的大量客户往往对建筑设计并不理解。他们更倾向于看到具体的图像，然后提供反馈，这一点在与建筑师对接的客户几乎没有建筑设计的背景时尤为突出。

但作为建筑师，我们必须意识到建筑的内部布局、功能、造价与外观设计一样重要。如果建筑设计只是为了创造一个美观的物体，那就显得太表面化了。因此，我们需要深入推敲建筑体块模型、设计草图，对建筑进行体量与布局上的调整，以高效、科学地满足客户的使用需求，体现建筑设计的专业价值。具体应该如何操作呢？

我们把概念设计分成以下 4 个步骤：

Step 1 尝试某一设计概念，利用 AIGC 工具将概念清晰地表达出来。

Step 2 从多个角度测试这个设计的可行性，包括内部讨论、客户需求、发展潜力、使用者认可和实施性。

Step 3 重复 Step 1 和 Step 2，不断地基于反馈修改文字提示词、添加图片提示以及调整 LoRA 模型，形成固定的设计“氛围”。对于专业项目，如医院和实验室，内部布局和流线组织更为重要。我们可以训练专门的 LoRA 模型，这样就能不输入提示词，直接使用 Stable Diffusion 来表达设计氛围了。

Step 4 随着氛围的确立，我们可以专注于调整建筑体量，利用 Midjourney 的权重参数（--iw）或 Stable Diffusion 的 ControlNet 来增加调整后的体量细节，最终获得客户认可的概念方案并用于后续的设计阶段。

最终，我们不仅得到了一个概念方案，还拥有了相应的提示词和 LoRA 模型的组合，可以在后续方案出图过程中作为一套工具重复使用。

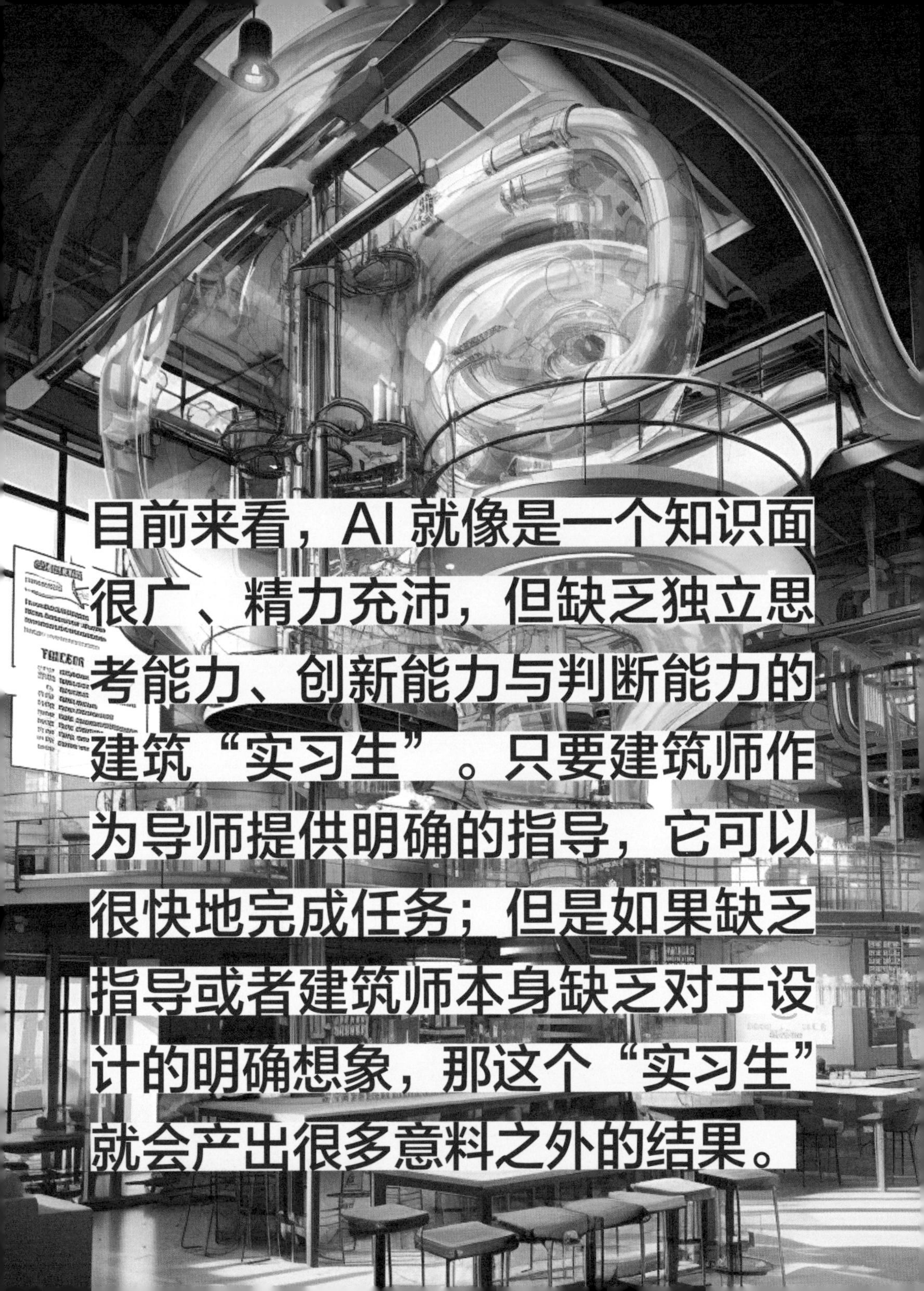

目前来看，AI 就像是一个知识面很广、精力充沛，但缺乏独立思考能力、创新能力与判断能力的建筑“实习生”。只要建筑师作为导师提供明确的指导，它可以很快地完成任务；但是如果缺乏指导或者建筑师本身缺乏对于设计的明确想象，那这个“实习生”就会产出很多意料之外的结果。

3. AI 变革方案设计

方案设计是在概念设计定调的基础上，进一步丰富设计细节与体验的关键阶段。在此阶段，建筑师会调整功能布局、组织流线、挑选材料、设定色彩，以创造出富有层次的空间体验。这时，AI 作为强大的辅助，可以帮助建筑师利用模型快速生成效果图，便于与客户进行高效沟通；可以测试不同材料的组合效果，优化选择；也可以在海量案例中寻找设计灵感，丰富空间体验；还可以快速细化平面方案，实时产生设计参数的定量分析。在流畅自然的协作中，AI 可以大大增强建筑师的设计执行力，提高设计方案的完成度。

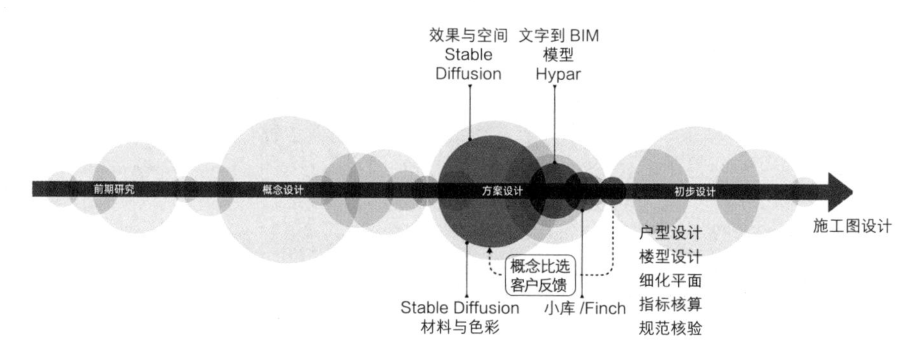

图 2-9　AI 变革方案设计

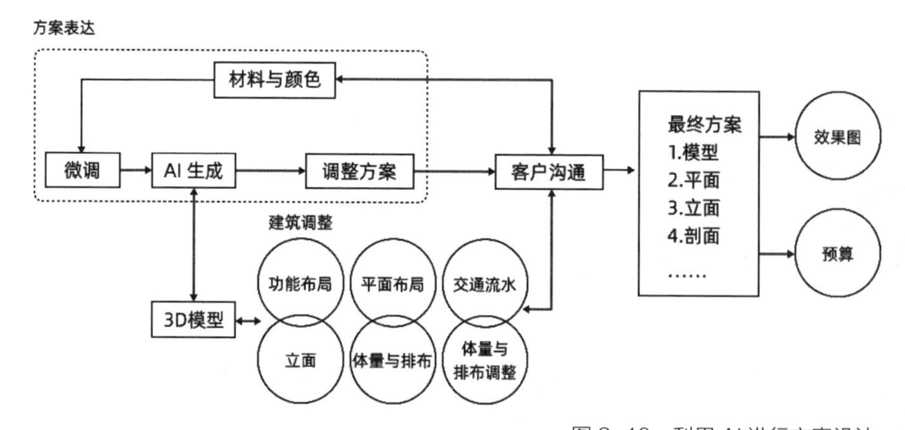

图 2-10　利用 AI 进行方案设计

目前，由于计算能力的限制，AIGC 生成建筑方案的应用主要集中在二维图像方面，而在精确的三维建模方面还有待进一步发展。因此，在方案设计阶段，这些工具的主要作用是为方案的快速表达提供支持。这使得建筑师可以在该阶段专注于与各专业领域以及与客户的沟通，逐步完善平面布局，深化平面、立面和剖面的尺寸，并利用三维模型来研究建筑的结构、功能和交通组织。

尽管软件工具如 SketchUp、Rhino 和 BIM 等已经可以生成用于与客户进行交流的模型或图像，但 AI 可以在设计中增加材质的细节以及丰富周围环境和氛围，这是其擅长的领域。这些细节可以激发建筑师对材质选择的灵感，也可以更容易地让客户理解项目的预期效果以及不同方案之间的异同。在使用 AI 生成建筑材料组合和设计立面时，我们还可以利用工具如 Midjourney 或 Stable Diffusion 的局部重绘功能，调整开窗比例、立面颜色和材质等。通过这些研究，我们可以进一步完善提示词，让 AI 变成一个高效的渲染引擎。

案例 某酒店立面研究

调整整个立面的虚实关系，增加阳台，满足客户的需求。

图 2-11　建筑整体与细节

图 2-12　建筑细节重绘

4. AI 变革扩初设计

这个阶段我们将重点转移到逐步完善建筑的三维模型中。在此过程中，Midjourney 以及 Stable Diffusion 这类 AI 工具可以帮助建筑师进行视觉效果的对比，尤其是材料选择与组合的测试过程中可以帮助我们实现不同设计选项的对比。目前也有很多公司正在开发新的建筑专用工具，可以自动按照参数、图像生成建筑的三维模型，包括建筑内部的户型、电梯以及管线等信息并导出三维图纸。虽然目前这些工具局限性比较大，难以做到复杂建筑的设计，但是随着技术的发展，未来 AI 将会更多应用到扩初设计之中。

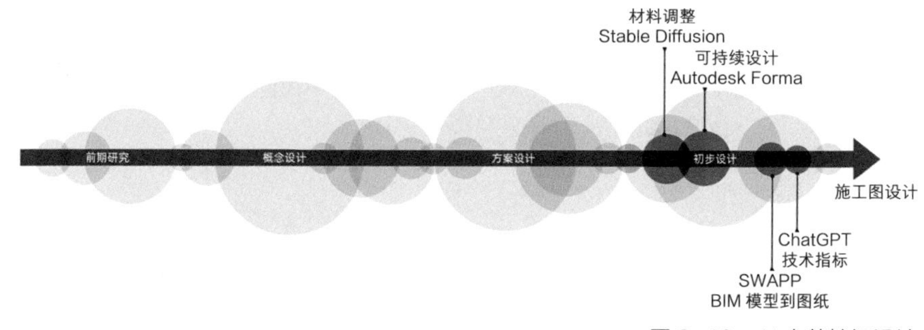

图 2-13　AI 变革扩初设计

随着建筑设计进入后期阶段，建筑师通常需要大量使用专业的三维建模软件来进行精确建模和优化。AIGC 工具在这个阶段很难直接融入日常工作流程，因为专业建模软件提供了更高的精确度和精修功能。

尽管如此，有些 AI 工具依然在这方面显示出了潜力，比如智能生成楼梯间或简化复杂曲面模型以减少定制幕墙的数量。这类工具实际上在 AIGC 的扩散模型（Diffusion Model）之前就已经存在于建筑设计领域，然而由于开发成本较高且需要较高的专业水平，目前仍处于早期研发阶段。从目前市场上已经出现的 AI 产品来看，我们可以展望未来，特别是在处理标准化建筑时，整个 BIM 建模过程将变得更加自动化，包括整体布局和户型的自动生成等。

扩初阶段，市面上涌现出一些基于网络的三维 BIM 生成软件，如 ARCHITEChTURES、Plan Finder、Hypar、小库等。ARCHITEChTURES 的优点是可以通过鼠标拖拽轻松放置建筑，还可以调整内部户型、数量、出入口位置等参数，生成 BIM 模型以及预算等内容；Plan Finder 专注于自动生成室内平面，适用于各种形状的建筑平面；Hypar 则擅长文字建模，只需输入文字，模型就能自动进行相应修改。

在当下，我们提到的 AIGC 工具在施工图设计中几乎没有一展拳脚的机会，更多的是建筑专用工具在利用 AI 算法帮助建筑师优化施工流程，比如说 SWAPP 这家公司完成了从平面图纸到三维 BIM 模型的软件研发，大界公司正在利用机械臂进行复杂构筑物的施工优化。不过随着技术的快速发展，相信未来 AI 能够在建筑从设计到建造的全流程提供更多的帮助。而在施工图阶段，我们看到 SWAPP 可以通过简单的功能布局直接生成 BIM 模型以及后续的施工图纸。然而，这些新的 AI 工具大多仍处于测试阶段，尚未广泛应用。

LoRA（Low-Rank Adaptation）模型：一项由微软公司于 2021 年发布的技术，是一种轻量化的稳定扩散模型（Stable Diffusion Model），用于微调大型预训练模型以优化其在特定任务中的性能，可以对标准的检查点模型进行微调。例如，绘制手部图像对于 AI 而言一直是一个具有挑战性的任务，但通过训练专注于手部特写的 LoRA 模型，我们可以提高手部细节的表现，从而解决这个问题。

检查点模型：检查点是模型整个内部状态（权重、当前学习率等）的中间转储，以便框架可以在需要时从该点恢复训练。

ControlNet：一种神经网络结构，它使用户能够通过添加额外条件来控制扩散模型的生成过程。ControlNet 是一种稳定的扩散模型，它能够从输入图像中提取场景、结构、对象的姿态或主题等相关信息，并将这些参数应用于生成过程，从而解决空间一致性的问题。其工作原理包括分析输入图像、预处理图像以识别相关信息，并将控制信息引入生成过程中。

扩散模型（Diffusion Model）：机器学习中，扩散模型或扩散概率模型是一类潜变量模型，目标是通过对数据点在潜空间中的扩散方式进行建模，来学习数据集的潜结构。扩散模型是在 2015 年提出的，其动机来自非平衡态热力学。扩散模型可以应用于各种任务，如图像去噪、图像修复、超分辨率成像、图像生成等等。

如何精简环境与功能类提示词？

How to streamline environmental and functional prompts?

Step 1 在获取提示词时，可以将现场照片导入 Midjourney 或 Stable Diffusion，使用描述功能（/describe）。以普林斯顿大学为例，导入照片后，Midjourney 为我们提供以下几组提示词，可供参考。

图 2-14 使用 Midjourney 描述现状照片

1 a view of tents surrounding a lawn, in the style of east village art, crisp and clean, religious building, happenings, cold and detached atmosphere, yankeecore, dignified poses --ar 4 : 3

2 people standing in the park and under a tent, in the style of the new york school, 8K --ar 4 : 3

3 several people are sitting outside a tent, in the style of the New York school, 8K, yale university school of art, light and airy, elongated shapes, clear and crisp, historical --ar 4 : 3

4 a building under construction in a courtyard, in the style of temporary art, happenings --ar 4 : 3

Step 2 我们可以从中提取出一些提示词：

- an open lawn in Princeton University
  普林斯顿大学的一片开阔草坪
- gothic revival style building
  哥特复兴风格
- in style of New York University, historical, 8K
  纽约大学风格，具有历史感的，8K 分辨率

Step 3 由于 Midjourney 在处理提示词时存在一些认知上的限制，因此我们需要进一步简化这些提示词，以找到最精简的表达方式。为了进行提示词的简化比较测试，我们从复杂到简单逐一进行：

an open lawn in Princeton University, gothic revival style building, in style of New York University, historical, 8K
普林斯顿大学的一片开阔草坪，哥特复兴风格的建筑，纽约大学风格，基于史实的，8K 分辨率

an open lawn in Princeton University, gothic revival style building, 8K
普林斯顿大学的一片开阔草坪，哥特复兴风格的建筑，8K 分辨率

an open lawn in Princeton University
普林斯顿大学的一片开阔草坪

图 2-15 环境提示词测试

经过不同组合的测试，我们发现只要加上“in Princeton University”（在普林斯顿大学），就可以相对准确地还原设计所在的环境和风格。这一方法将一个句子简化为一个词，从而有效地精简了提示词。

为什么生成的图像不符合预期？如何组合提示词才能达到理想效果？

Why does the generated image not meet the expectation? How to combine prompts to achieve the desired effect?

在使用 Stable Diffusion 或 Midjourney 时，可能会出现输入的提示词与生成的图像不匹配、形体组合扭曲变形等情况。这些问题可能源于以下几个原因：

1. 提示词过于复杂

在这种情况下，建筑师需要对输入的提示词进行筛选，将最能体现设计或场地特点的提示词放在最前面。AI 按照提示词的先后顺序降低权重，因此提示词应该简洁明了，尽量使用以逗号分隔的提示词罗列而不是叙述性语句。

2. 提示词过于抽象

AI 难以理解抽象的要求，把抽象的设计需求具体化可以帮助 AI 更好地理解。例如，“设计回应场地”就是一个很抽象的要求，即使人类建筑师对此都有完全不同的理解，AI 很难通过算法从一系列图像中寻找共同特征。在这种情况下，我们可以将抽象的设计需求具象化。

3. 提示词过于简单

如果输入的提示词过于简单和宽泛，生成的建筑可能缺乏独特性。比如输入“森林中的桑拿房”，经常会出现很多传统的桑拿房形式，既不反应场地的环境，也没有设计的美感。这种情况下，可以通过添加特定风格的建筑师或雕塑家的名称来增加设计的独特性。

4．流程不够规范

控制建筑的比例一直是 AIGC 中生成建筑图的挑战。可以使用手绘草图上传到 Midjourney，并通过调整权重来确定建筑体量。

Midjourney 官方提供了一些提示词组合的参考，结构可以归纳为主体（X）+ 风格（Y）+ 参数（Z）。基于建筑概念设计出图的特点，我们在此基础上增加一些细节，提出了提示词方程式：

[建筑形式 + 主体] [设计风格] + [建筑师名字] [材料] [颜色] [其他细节] + [环境 + 天气 / 光效] [表现形式] + [其他参数]

1. [建筑形式 + 主体] [设计风格]

主体设计形式与设计风格，例如“现代风格的福建土楼”（modern style Fujian Tulou）。

2. [建筑师名字] [材料] [颜色] [其他细节]

与建筑细节、材料和颜色等相关，用于进一步调整建筑风格。例如添加低反射玻璃、清水混凝土等现代材料，可以改变传统土楼的风格。

3. [环境 + 天气 / 光效] [表现形式]

描述氛围，比如指定项目的地点，如上海或北京、城市或乡村。这将显著影响生成的图像。

4.［其他参数］

例如画面比例、使用的模型版本以及允许 AI 自由发挥的变化程度，这些参数可以进一步微调效果。以 Midjourney 为例，其他技术参数如下：

1. --ar：生成图片的比例。比如 --ar 16∶9 对应 16∶9 的画幅；
2. --v：使用 Midjourney 的版本。可以使用 5.2 版本，也有之前的 5.1 版本和 5.0 版本可用；
3. --style raw：原始风格。此功能使用户能够摆脱 Midjourney 的默认风格，生成更符合提示词要求的图像；对于那些想要生成更自然、更粗犷图像的人来说，此功能非常有用。
4. --q：图片质量。这个参数决定了最终生成的图片质量，数值越高，细节越丰富，但是图片质量设置不会影响图片分辨率。
5. --s：用于调整风格化的程度。s 对应的值越小，图片越符合提示词的描述；数值越高，图片的艺术性越强，与提示词的关联性也越弱。
6. --iw：图像权重。这个参数可以调节图像提示词与文字提示词对于最终出图效果的影响比例。该数值越大，图像提示词对最终生成图像的影响越强烈。
7. 其中两个短横线“--”是 Midjourney 输入绘画参数的引导标志，必须是英文标点。

这个提示词方程式是根据试验总结出的比较符合逻辑的组合方式，但并非绝对规则，在具体使用时可以根据需要进行部分调整。同时，由于大多数 AI 模型是使用英语进行训练的，作为非英语母语的用户，用英文准确描述需求可能是一个挑战。借助 ChatGPT 以及相关的插件，可以让 AI 帮助修改或精简提示词或生成更适用的提示词，使其更符合我们的需求。

AIGC 为什么会产生巨大的影响?

Why is AIGC having a great impact?

这一轮对 AI 的热烈探讨与实践标志着从抽象文字到具体图像的转化，同时人类具备将二维图像转化为三维空间的想象力，这意味着原本没有建筑设计能力的人可以通过词语的组合拥有在大脑中“创造”建筑的能力。然而，随着媒体的发酵，大众对于建筑的理解变得更加表面，更加注重外部造型而忽略了内部功能。当一个 AI 工具可以创造出这些表面光鲜的建筑时，建筑师的价值在大众的眼中似乎变得越来越低。因此，如何在 AI 时代重新定义建筑师的核心价值成为重要的议题。

从手绘图纸时代过渡到 CAD 制图时代，我们可以观察到建筑图纸数量显著增加。更多的图纸意味着建筑师在施工过程中的控制越来越多地集中在设计阶段，剩下较少的空间供建筑师进行现场调整，这也导致建筑师的价值越来越集中于概念与方案阶段。

与此同时，媒体也正在改变我们体验建筑的方式。在古典时代，一个宏伟的建筑之所以有名，主要依赖口碑传播，人们必须来到这座建筑前亲身体验才能感受其魅力。然而，如今人们更多地通过图片，尤其是外观图像来了解建筑。例如，一些建筑被赋予了外号，这使大众往往忽略了建筑内部布局的精妙以及空间的趣味。

有些项目中，概念方案的设计可能会持续一两年，而扩初施工图的设计却仅需数月，这已经在很大程度上降低了建筑设计从概念到实际施工的质量。难以预测 AI 的介入是否将有助于建筑师争取更多时间，或者是否将进一步压缩成本。但可以确定的是，这并不是建筑设计本身的问题，而是近年来高周转引发的开发商对短期利益的过度追求，以及建筑教育在公众教育中难以普及所带来的问题。

CHAPTER 3

AI 陪你
从零开始做设计

AI Works with You
to Design from Scratch

AI，你好。

对于一位建筑设计新人来说，一个设计从零到一这一步似乎是最难的。很多建筑师朋友似乎总是能突然之间就能灵感迸发，想到好点子，而我却常常对着一张白纸无从下手。我们也经常能在网上看到别人使用 AI 生成充满想象力的作品，但是正如第 2 章所提到的，AI 也需要来自人类建筑师的线索，而不能无中生有。

我会按照“如何生成设计概念”这个话题来进行提问。

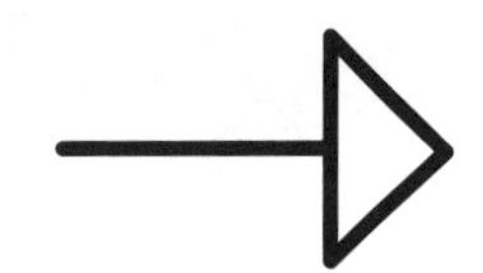

建筑师该如何探寻创作灵感？AI 如何帮助设计创作流程？

Q10

How do designers find creative inspirations?
How can AI help the design process?

亲爱的朋友，大师们的灵感也不是大风刮来的。在《思维的艺术》（*The Art of Thought*）一书中，格雷厄姆·沃拉斯（Graham Wallas）提出了创作的 4 个阶段，分别是：准备（Preparation）、孵化（Incubation）、启示（Illumination）和验证（Verification），在我们之前讨论的 AI 出现前，以上 4 个阶段常常在建筑师的日常工作中发生：

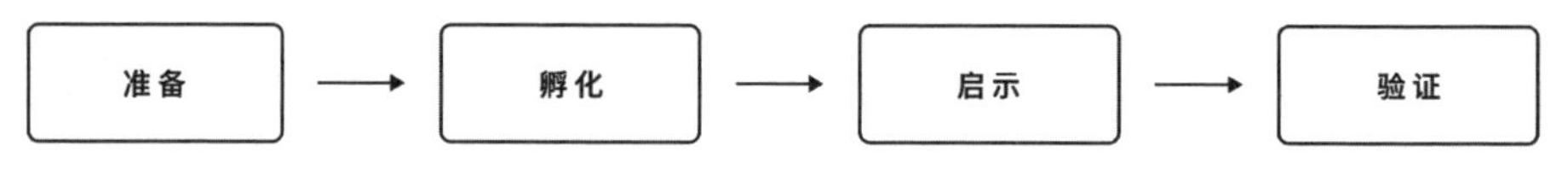

图 3-1　传统的创作 4 个阶段

1. 准备

在这个阶段，建筑师收集关于要设计的建筑物、项目或场地的各种信息，这可能需要研究类似的项目、了解环境条件、听取客户的需求等。这就像是把所有的材料都准备好，为创意的种子做好土壤准备。

2. 孵化

一旦收集了足够的信息，创作便进入了孵化阶段。在这个阶段，建筑师不需要刻意思考，创作将在大脑中转为后台运行模式，思维将在潜意识中自由流动。此时可以暂时将项目放在一边，专注于其他事情。这个阶段就像是把思想交给了潜意识，让它自由地在先前收集的信息中探索可能的创意路径。

3. 启示

当各种各样的信息在建筑师的脑海中经过了充分的沉淀，创作将会进入孵化阶段。在这个阶段，建筑师有时候会突然冒出一个想法，就好像灯光在头脑中亮起一样。这个阶段是创作的高潮，可能突然有一个独特的设计概念或者独特的解决方案，能够厘清先前混乱的思绪。这时可能会感受到一种灵感的涌现，就像是思维的启示一样。

4. 验证

启示阶段之后，建筑师需要将想法转化为现实的设计，此时可能需要再次审视自己的创意是否能够真正实现并且符合项目的要求。在验证阶段，建筑师可能会制作实体或虚拟模型，用来展示建筑的整体形态以及它是如何与周围环境交互的，还要与团队成员或工程师一起讨论并进行多次设计修改，以确保设计不仅美观独特还能被实际建造。

在创作阶段，建筑师就像参与了一场寻宝冒险，从准备好行囊、踏上未知之地，到在静谧中融入自然、等待灵感的降临，再到宝藏的惊喜呈现，最终到团队共同的精雕细琢，将创意转化为实际的建筑之美，这一过程饱含着创造力的火花和无尽的惊喜。

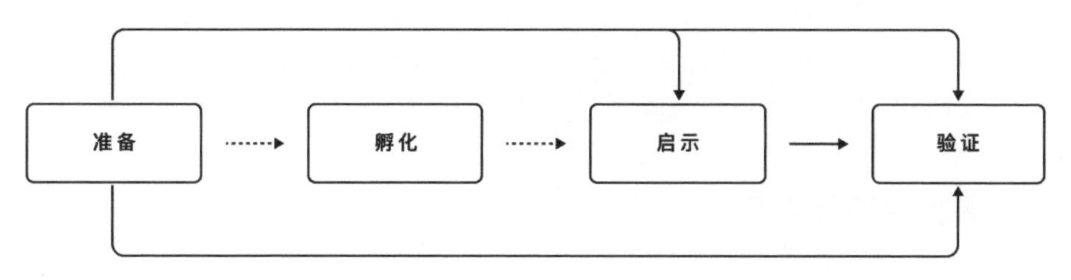

图 3-2 AI 加持下的创作 4 个阶段

当 AI 工具参与到建筑设计过程中创作的 4 个阶段后，建筑师在这场冒险中就像获得了博学的军师和强大的 GPS 导航，它将带领大家一起穿越创意的未知领域。那么 AI 工具都能带来什么帮助呢？

1. 更全面的准备

在准备阶段，AI 就像是一位能够快速翻阅无数书籍和文件的军师，可以帮助建筑师收集、整理和分析各种信息。由于 AI 能够快速处理大量数据，建筑师将能够更快、更全面地了解项目的各个方面，包括环境、历史、需求等。这意味着建筑师在开始创作前会有更充分的背景知识。

2. 加速孵化和启示

在孵化和启示阶段，AI 将化身为建筑师的智能导航。在传统的设计创作过程中，孵化阶段往往是充满了未知。AI 可以不知疲倦地持续帮助建筑师将海量的信息以有意义的方式组合起来，节省建筑师沉淀、摸索与等待灵感降临的时间，在黑暗中点亮指引之光，让建筑师在极短的时间内获得灵感的启示。

3. 设计选择与验证

AI 生成的设计概念可以作为建筑师的一个重要参考。当拥有足够的提示时，AI 可以直接生成符合需求的初步设计概念。AI 作为我们的引路军师，像地图一样标明各条道路的特点和风景。建筑师可以从 AI 生成的多个设计中选择最符合需求的一个，直接进入验证阶段。这可以帮助建筑师在设计选择时更加理性和高效，减少不确定性。

4. 多轮循环的迭代

在目前，创作的验证阶段仍然主要依赖人类智慧的判断。在更多的情况下，建筑师可以将 AI 生成的设计作为一个创意的起点，然后在孵化阶段重新思考和调整，通过多轮循环逐渐优化，通过不断与 AI 交互来获得更理想的设计概念。这种反复的迭代过程可以加强设计的深度和创意。

AI 工具的参与将使建筑设计的创意阶段发生巨大的变革。准备阶段可以变得更加深入，孵化和启示阶段可以被大大加速甚至跳过，验证阶段可以更加清晰直观。同时，建筑师也能够通过多轮循环的方式，不断完善和优化设计。

然而，建筑师的创造力、审美和判断力依然是创作过程的核心，而 AI 作为我们的助手和伙伴，将会为我们提供更强大的工具和资源，让设计变得更加自由、纯粹。

哪些提示词可以作为灵感来源?

What prompts can be used as inspirations?

不同建筑师获得创作灵感的途径多种多样。例如安东尼奥·高迪（Antonio Gaudi）的设计常常受到自然的启发，他设计的圣家族大教堂展示了他对自然形态的独特理解；而贝聿铭的灵感往往来自几何图形，他的代表作卢浮宫玻璃金字塔（Louvre Pyramid）和华盛顿国家美术馆（National Gallery of Art）都大量应用了几何元素，如三角形和方形。

总体而言，建筑创意的主要来源包括以下 8 个方面：

❶ 方案	以某一具体几何图形（1）、材质（2）等为出发点进行设计创作。
❷ 动作	将某种动作形态作为设计概念，如将交错（3）、融合（4）、复制（5）、镜像（6）等动作应用到建筑形态上。
❸ 场景	不同的活动场景、使用场景都可以激发设计灵感，如文化设施（7）、体育设施（8）、商业设施（9）、工业设施（10）、教育设施（11）等。
❹ 元素	将来源于图案元素（12）或历史建筑元素（13）如门窗、立面、装饰图案等作为创作源泉。
❺ 风格	将不同时代和地域的建筑风格或是其他优秀建筑作品的风格特征融会贯通到自己的设计语言中，如将安东尼奥·高迪（14）、伦佐·皮亚诺（15）等建筑师名字作为建筑风格参考来源。
❻ 类比	从自然界或日常生活中找到一些元素，并将其形态、结构、氛围等特质抽象为建筑设计的概念，比如贝壳（16）、鳍形（17）等。
❼ 语境	通过观察和感受建筑所处的地形地貌、地理气候等环境背景从中汲取设计灵感，设计理念源自对周边环境语境的深入理解和响应。我们可以想象在月球表面（18）、火山地区（19）等更具挑战性的场所如何设计建筑。
❽ 氛围	将电影（20）诗歌、文学、艺术、哲学思考等作为建筑灵感来源并转化为具体的空间体验。

通过融会贯通这些要素，将功能性建筑转变为富有文化内涵的艺术作品，实现从“形”到“神”的飞跃。在用 AI 辅助建筑创意生成时，可以尝试从以上这几点出发，为文字转图像提供一些信息以启动头脑风暴。

1. 几何图形

① 三角形

作为建筑设计的形态元素，历史上常用于宗教、防御等功能的场所。说到三角形，立马想到金字塔，那如果有一座金字塔教学楼呢？

Prompt:（X主体）a triangular collage building on campus,（Y风格）featuring modern architecture inspired by Herzog & de Meuron in a French context, and surrounded by mist-covered mountains（Z参数）--s 750 --style raw --ar 2∶3

提示词:（X主体）校园内的三角形拼贴建筑,（Y风格）以法国背景下的赫尔佐格和德梅隆设计方案为灵感的现代建筑为特色，周围环绕着薄雾笼罩的山脉（Z参数）--s 750 --style raw --ar 2∶3

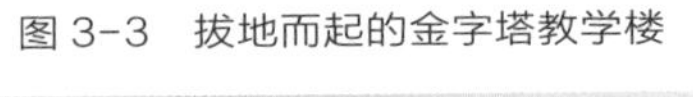

图 3-3　拔地而起的金字塔教学楼

② 圆形

圆形在建筑设计中具有神圣意象，让人立马联想到禅意。圆形赋予景色统一感，也可引导视线。其自然流线与和谐外观能融入多种环境，所以在景观建筑中也很常见。

Prompt:（X 主体）some circular shapes,（Y 风格）in the style of surreal architectural landscape, organic minimalism, eye-catching, modernist architecture（Z 参数）--ar 2:3

提示词:（X 主体）一些圆形形状,（Y 风格）超现实建筑景观风格，有机极简主义，引人注目，现代主义建筑（Z 参数）--ar 2:3

图 3-4　超现实圆形景观建筑

Prompt:（X 主体）some curved shapes，（Y 风格）in the style of Kengo Kuma，innovative architectural style，helical cluster，the countryside of China，James Turrell influence，attention-grabbing（Z 参数）--ar 2∶3
提示词:（X 主体）一些弯曲的形状，（Y 风格）隈研吾风格，创新的建筑风格，螺旋簇，中国乡村，詹姆斯·特里尔的影响，引人注目（Z 参数）--ar 2∶3

图 3-5　与自然更加融合的景观建筑

③ 有机图形

也可以尝试以有机图形为出发点，与机械、直线和规则几何形状相比，这些图形通常以流动的曲线、不规则的形状和复杂的结构呈现。有机图形强调自然美感和流动感，它们与自然界中的生物和环境相似，具有柔和、灵活和不规则的特点。

Prompt:（X 主体）organic architecture,（Y 风格）photorealistic（Z 参数）--ar 2:3 --s 1000 --style raw --v 5.1

提示词:（X 主体）有机建筑,（Y 风格）真实感（Z 参数）--ar 2:3 --s 1000 --style raw --v 5.1

图 3-6　更具流动性的有机建筑

2. 材质

材质在建筑概念设计中扮演着重要的角色，可以赋予建筑以独特的外观、质感和情感。根据不同的特性和用途，材质可以分为多个种类。

① 自然材料

这些材料来自自然界，包括木材、石材等。它们具有独特的纹理、颜色和质感，可以赋予建筑自然和传统的感觉。例如，大理石被广泛应用于高端商业建筑，其优雅的外观和高品质的特性符合这些建筑的定位。如果我们把它放回自然中去呢？比如我们可以想象一座巨大的白色大理石建筑，带有清晰可见的大理石纹理，划着皮划艇的人们正在水上欣赏它。

Prompt:（X 主体）a boat traveling a shallow lake，monumental white marble，visible marble veins，（Y 风格）in the style of large-scale installations，marble，captures the essence of nature，passage，fujifilm natura 1600，sense of mystery，terrain of northern China，perspective rendering，chromatic sculptural slabs，natural phenomena，architectural masterpiece

提示词:（X 主体）一条船在浅湖中行驶，巨大的白色大理石，清晰可见的大理石纹理，（Y 风格）大型装置风格，大理石，捕捉自然的本质，通道，富士“月光卷”1600，神秘感，中国北方地形，透视渲染，彩色雕塑板，自然现象，建筑杰作

图 3-7　在船上欣赏大理石建筑

② 透明材料

如透明的玻璃、塑料等，能够营造开放、明亮的空间，同时在视觉上实现室内外的连接。例如透明塑料膜，常用于临时建筑，如帐篷、展览馆、露天剧场、装置艺术等，由于它们轻便、易于安装和拆卸，因此在需要临时结构的情况下非常实用且吸引眼球。

Prompt:（X 主体）transparent home with colorful interior tube，（Y 风格）in the style of meticulous design，toystore，shaped canvas，clean and minimalistic，advertising aesthetics，igniting visual dynamism（Z 参数）--s 250

提示词:（X 主体）透明家居，彩色内管，（Y 风格）精心设计风格，玩具店，立体画布，干净简约，广告美学，点燃视觉活力（Z 参数）--s 250

图 3-8 透明塑料膜玩具店

③ 一般人造材料

这些材料是通过人工加工或合成产生的，如混凝土、玻璃、陶瓷、砖等，常用于现代建筑中，提供先进的性能和外观。例如红砖，可以用于露天庭院、露台和景观中的小径等元素，为室外空间增添温馨的氛围。

Prompt:（X 主体）bricks and curves,（Y 风格）in the style of vibrant worlds, VRay, layered organic forms, glazed surfaces, atmospheric perspective（Z 参数）--ar 2:3 --s 1000 --style raw

提示词:（X 主体）砖块和曲线,（Y 风格）充满活力的世界风格，VRay 渲染器效果，分层有机形式，釉面，大气透视（Z 参数）--ar 2:3 --s 1000 --style raw

图 3-9　分层有机的曲线砖块建筑

④ 特殊纹理材料

这些材料具有丰富的纹理和特殊的质感，如石膏板、纤维板、壁纸等，用以创造不同的视觉和触感效果。

Prompt：（X 主体）various parametric shapes（Y 风格）designed in an architectural style，surrounded by greenery，giving a lively look to the environment，while adding warm lighting and wood tones with shadows，giving a relaxing feel and smell of oak，8K images，surreal，computer wallpaper（Z 参数）--ar 2:3

提示词：（X 主体）各种参数化造型（Y 风格）以建筑风格设计，绿树环绕，给环境带来活泼的感觉，同时加入温暖的灯光和带有阴影的木色调，给人一种轻松的感觉和橡木的气味，8K 图像，超现实主义，电脑壁纸（Z 参数）--ar 2:3

图 3-10　木色调纹理材料建筑

⑤ 金属材料

如钢铁、铝、铜等，能够赋予建筑现代感和工业风格，同时具备优异的强度和耐久性。例如，铜常常被用于制作建筑内部和外部的装饰，如雕塑、装饰板、栏杆、门窗等，它的质感和颜色可以为建筑增添豪华和艺术感。铜也广泛用于建筑的雨水系统，如雨水管和排水口。那如果把铜排水管用于装饰呢？

Prompt:（X 主体）a copper pipe building facade（Z 参数）--ar 2:3
提示词:（X 主体）铜管建筑立面（Z 参数）--ar 2:3

图 3-11　铜排水管建筑

⑥ 反射材料

这些材料具有反射特性，如镜面、不锈钢等，可以创造出独特的光影效果。例如，不锈钢在现代艺术和雕塑领域中得到广泛应用，艺术家利用其材质特性创造出各种独特的作品。

Prompt：（X主体）Archigram-inspired architectural installation（Y风格）featuring curvaceous design，clad in a stainless steel mesh shell，showcasing an ever-shifting iridescent cloud-like facade（Z参数）--ar 2:3 --s 1000

提示词：（X主体）受建筑电讯学派启发的建筑装置（Y风格）采用曲线设计，包裹在不锈钢网壳中，展现出不断变化的虹彩云状立面（Z参数）--ar 2:3 --s 1000

图 3-12　受建筑电讯学派启发的楼梯装置

3. 交错

可以为办公和商业建筑提供多层次的可用空间，创造更具活力的工作环境，提供多种户外和社交空间。

Prompt:（X 主体）office building，stacked cubic extrusion，terraced volumes，open areas in the ground floor and public plaza，surrounded by park and trees，（Y 风格）modern stone facade architecture，in the style of Renzo Piano（Z 参数）--ar 2∶3

提示词:（X 主体）办公楼，堆叠立方挤压，梯田体量，底层开放区域和公共广场，周围有公园和树木，（Y 风格）现代石材立面建筑，伦佐 · 皮亚诺风格（Z 参数）--ar 2∶3

图 3-13　梯田式办公楼

4. 融合

在近现代历史建筑改造的设计过程中，可以将具有历史价值的建筑部分与现代功能相融合，实现传统与创新的平衡，或是将不同的艺术形式和文化元素融合在一起，创造出多维度的文化和艺术体验。

Prompt:（X 主体）Converted industrial building now modern museum.（Y 风格）Blends modern, industrial architecture, brick furnaces. Spacious urban green space with modern art. Large park at front with contemporary benches, sculptures. Bustling area, rich vegetation, landscaped（Z 参数）--ar 2∶3

提示词:（X 主体）由工业建筑改建而成的现代博物馆。（Y 风格）融合了现代工业建筑、砖炉。宽敞的城市绿地与现代艺术。前面有一个大公园，有现代长凳和雕塑。地段繁华，植被丰富，风景优美（Z 参数）--ar 2∶3

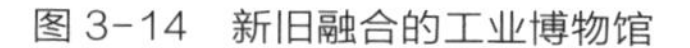

图 3-14　新旧融合的工业博物馆

5. 复制

复制可以将模块化的元素复制并组合，快速建造出多样化而具有整体感的空间结构。

Prompt：（X 主体）container housing stacked，（Y 风格）triangulated，angular，patterned，isometric，white polycarbonate（Z 参数）--ar 1:1

提示词：（X 主体）堆叠式集装箱外壳，（Y 风格）三角形，有角，图案，等距，白色聚碳酸酯（Z 参数）--ar 1:1

图 3-15　堆叠式集装箱建筑

6. 镜像

镜像常用于创造对称的建筑形态，使建筑物在视觉上呈现平衡、和谐的效果。对称的空间不仅可以创造出视觉上的独特感受，还可以改变空间感知和体验，使建筑变得更具庄严和仪式感。

Prompt:（X 主体）Santiago Calatrava architecture,（Y 风格）in the style of Karl Blossfeldt（Z 参数）--ar 2:3 --s 750

提示词:（X 主体）圣地亚哥 · 卡拉特拉瓦建筑,（Y 风格）卡尔 · 布洛斯费尔德风格（Z 参数）--ar 2:3 --s 750

图 3-16 中轴对称的仪式建筑

7. 文化设施

包括博物馆、美术馆、图书馆、剧院、音乐厅等。

Prompt:（X主体）M+ Museum Hong Kong，by Herzog de Meuron and Sou Fujimoto Sanaa，（Y风格）monolithic massive red-stone fiberglass gloss，cantilevers，terraces，exaggerated，huge，extended，stone marble，crazy，stone，glass，architectural detailing，black steel，reflective glass，Greco-Roman，utopian，panoramic，gods and heaven，beautiful glow，stars，planets，Greek mythology，Dezeen，Archdaily，architectural digest，details，16K，uhd，ultra realistic photography（Z参数）--v 4 --ar 2∶3 --s 150 --style 4b

提示词：（X主体）香港M+博物馆，赫尔佐格·德梅隆和藤本壮介设计，（Y风格）整体巨型红石玻璃纤维光泽，悬臂，露台，夸张，巨大，延伸，大理石，疯狂，石头，玻璃，建筑细节，黑钢，反光玻璃，希腊罗马，乌托邦，全景，诸神与天堂，美丽的光芒，星星，行星，希腊神话，Dezeen，Archdaily，建筑文摘，细节，16K，超高清，超写实摄影（Z参数）--v 4 --ar 2∶3 --s 150 --style 4b

图 3-17　巨型红石博物馆

8. 体育设施

体育设施包括体育馆、足球场、篮球场、网球场、游泳馆、田径场、滑雪场、高尔夫球场、健身中心、体育训练中心、体育公园等，这一类型建筑常常采用先进的材料和结构设计，提供丰富的运动体验。

① 滑雪场

Prompt:（X 主体）a large roof for ski jumping,（Y 风格）in the style of Karl Blossfeldt（Z 参数）--ar 2:3 --s 750

提示词:（X 主体）一个用于滑雪跳跃的大屋顶,（Y 风格）卡尔·布洛斯费尔德风格（Z 参数）--ar 2:3 --s 750

图 3-18 滑雪跳跃大屋顶

② 游泳馆

Prompt:（X 主体）an indoor swimming pool，（Y 风格）in the style of hyper-detailed renderings，a sense of openness and luminosity，professional architectural photography，immersive and visually captivating compositions（Z 参数）--ar 2:3 --s 750 --style raw

提示词:（X 主体）室内游泳池，（Y 风格），超细致的渲染风格，开阔明亮的感觉，专业的建筑摄影，身临其境的视觉冲击力构图（Z 参数）--ar 2:3 --s 750 -- 风格原始

图 3-19　巨构下的室内游泳馆

9. 商业设施

其中商业综合体是一种集合了商业、零售、娱乐、办公、住宅等功能的综合性建筑。

Prompt:（X 主体）commercial complex,（Y 风格）in the style of I.M. Pei, Kengo Kuma, aluminum alloy, glass, stone, pure color, traffic and people flow

提示词:（X 主体）商业综合体,（Y 风格）贝聿铭、隈研吾风格，铝合金，玻璃，石材，纯色，交通人流

图 3-20　铝合金与石材组成的商业综合体

10. 工业设施

包括工厂、仓库、生产设施、加工厂、制造厂等，是一类用于生产、制造、加工和存储物品的设施。

Prompt:（X 主体）innovative, futuristic brewery of the future,（Y 风格）sustainable brewing model, energy-water neutral, dynamic setting, technologically advanced, independent spirit highlighted, warmth and familiarity maintained（Z 参数）--ar 2:3

提示词:（X 主体）创新、未来的啤酒厂,（Y 风格）可持续酿造模式，能量水中性，动态环境，技术先进，突出独立精神，保持温暖和熟悉（Z 参数）--ar 2:3

图 3-21　未来啤酒厂

11. 教育设施

教育设施的类型包括学校、幼儿园、培训中心、实验室等，是一类用于教育和学习的场所，普遍注重灵活性和交互性的设计以满足学生的学习需求，比如让 AI 以幼儿园空间作为出发点进行想象。

Prompt：（X 主体）modern kindergarten,（Y 风格）designed by HIBINOSEKKEI，incorporate Chinese element，architectural photography

提示词：（X 主体）现代幼儿园，（Y 风格）日比野设计工作室设计，融入中国元素，建筑摄影

图 3-22　注重灵活与交互的幼儿园

12. 图案元素

图案往往以雕刻、绘画、镶嵌等形式与建筑空间相结合，用于表达建筑所属文化和时代的审美特色。以下是一些用于建筑的常见图案作为提示词生成设计的例子。

① 几何图案

一种普遍存在于各个文化的建筑装饰，包括各种几何形状和排列方式。例如，著名的伊斯兰建筑就使用了复杂的几何图案来装饰建筑表面，如穹顶、拱门和回廊。

Prompt:（X 主体）a modern Islamic architecture,（Y 风格）in the style of Louvre Abu Dhabi

提示词:（X 主体）现代伊斯兰建筑,（Y 风格）仿阿布扎比卢浮宫风格

图 3-23 穹顶式伊斯兰建筑

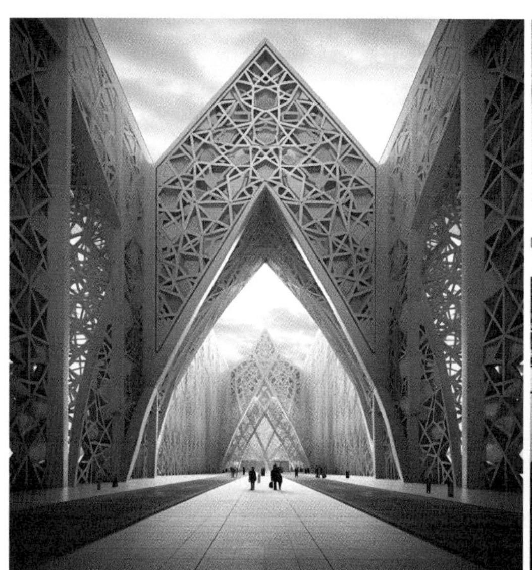

② 植物图案

植物图案是古代建筑装饰中常见的一种，通过模仿自然中的植物形态来创作。这些图案可以雕刻在墙壁、柱子上，也可以绘画在门窗上。

Prompt:（X 主体）architectural mimicry of nature,（Y 风格）in the style of fluid organic shapes, perspective from the street

提示词:（X 主体）建筑模仿自然,（Y 风格）流体有机形状风格，街道视角

图 3-24　模仿自然的有机建筑

13. 历史建筑元素

历史建筑元素指的是历史建筑中常见的元素，这些元素在建筑史上留下了深远的影响，运用到现代建筑中时，更能够唤起人们与当地文化的连接，使得设计更具有灵魂。

图 3-25 未来凯旋门拱门

① 拱门

古代建筑中的重要元素，如古罗马的凯旋门和古代中国的拱券门洞。

Prompt:（X 主体）Enormous triumphant arch structure,（Y 风格）in the style of Rem Koolhaas

提示词:（X 主体）巨大的凯旋门结构,（Y 风格）雷姆 · 库哈斯风格

图 3-26　木构穹顶

② 穹顶

古代建筑中常用的技术，如罗马斗兽场和拜占庭建筑中的圆顶。

Prompt:（X 主体）organic architectural domes,（Y 风格）varying frequencies and incredible intricate elements

提示词:（X 主体）有机建筑穹顶,（Y 风格）不同的频率和令人难以置信的复杂元素

图 3-27　红色仪式柱廊

③ 柱子和柱廊

古代建筑中经常使用柱子，如希腊神庙的多柱廊和古罗马建筑的圆柱。

Prompt:（X 主体）a corridor with red columns，（Y 风格）pastel color landscape master，symmetrical form，Chicano style（Z 参数）-- ar 2:3

提示词:（X 主体）红柱走廊，（Y 风格）柔和色彩风景大师，对称形式，奇卡诺风格（Z 参数）-- ar 2:3

图 3-28　瓦片组成的隧道

④ 屋顶瓦片

古代建筑中常使用各种形状的屋顶瓦片，如古代中国的琉璃瓦。

Prompt:（X 主体）continuous arrangement of tiles forms a tunnel,（Y 风格）parametric style（Z 参数）-- ar 2:3

提示词:（X 主体）连续的瓦片形成隧道,（Y 风格）参数化风格（Z 参数）-- ar 2:3

14. 安东尼奥·高迪

西班牙现代主义建筑的代表人物，他在巴塞罗那创作了许多独特的建筑作品，如圣家族大教堂、米拉之家和巴特罗之家。他的作品充满了有机形态和异想天开的创意，对后世建筑风格产生了深远的影响。

Prompt:（X 主体）organic manor's exterior,（Y 风格）in the style of Antonio Gaudi Casa Batllo, mesmerizing pattern designs like dance, 8K

提示词:（X 主体）有机庄园外观，（Y 风格）安东尼奥·高迪的巴特罗之家风格，舞蹈般迷人的图案设计，8K 分辨率

图 3-29　高迪风格的有机庄园

15. 伦佐 · 皮亚诺

意大利建筑师，以简洁、轻盈的设计风格和大量使用玻璃等半透明材料而著名。代表作包括巴黎蓬皮杜国家艺术和文化中心以及大阪关西国际机场等。

Prompt: (X 主体) translucent sail-shaped structure in the harbor, (Y 风格) in the style of Renzo Piano

提示词: (X 主体) 港口半透明帆形结构, (Y 风格) 伦佐 · 皮亚诺风格

图 3-30　皮亚诺风格的帆形结构

16. 贝壳

贝壳的曲线形态和螺旋结构可以类比为一些建筑中的曲线形状，如拱门、屋顶等，贝壳的外部纹理也可以用于建筑表面的装饰。

Prompt:（X 主体）shell pavillion（Z 参数）--ar 2∶3
提示词:（X 主体）贝壳亭（Z 参数）--ar 2∶3

图 3-31　贝壳亭

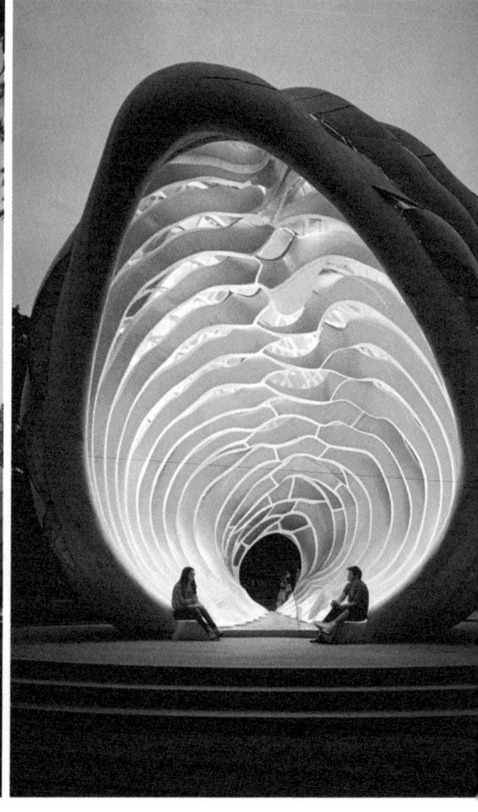

17. 鳍形

鳍形建筑的外立面可以设计成自适应的表面，可以根据环境条件调整其形态。这样的外立面可以根据阳光、风力和温度变化来改变其形状，以优化建筑的性能。

Prompt:（X 主体）a modern fin-like building cuts through the stormy weather and surrounding waves，silhouetted against the backdrop of a dark and ominous sky,（Y 风格）violent，dramatic light，storm，waves，ominous，realistic，telephoto（Z 参数）-- ar 2∶3

提示词:（X 主体）现代化的鳍状建筑穿过暴风雨的天气和周围的波浪，在黑暗而不祥的天空的背景下映衬出轮廓，（Y 风格）暴力，戏剧性的光线，风暴，海浪，不祥，现实，长焦（Z 参数）-- ar 2∶3

图 3-32　海的鳍厅

18. 月球表面

Prompt:（X 主体）Apple store on the moon，moon craters outside，apple glowing logo，astronauts walking，（Y 风格）NASA spaceship design，futuristic design，unreal engine 5 super resolutions（Z 参数）--ar 2:3 --v 5 --s 750

提示词:（X 主体）月球上的苹果店，外面的月球陨石坑，苹果发光标志，宇航员行走，（Y 风格）NASA 太空飞船设计，未来派设计，虚幻引擎 5 一样的超高清分辨率（Z 参数）--ar 2:3 --v 5 --s 750

图 3-33　月球上的苹果旗舰店

19. 火山地区

Prompt:（X 主体）a modern art museum beside an active volcano,（Y 风格）National Geographic magazine photography style（Z 参数）--ar 2:3 --v 5.2

提示词:（X 主体）活火山旁的现代艺术博物馆,（Y 风格）国家地理杂志摄影风格（Z 参数）--ar 2:3 --v 5.2

图 3-34　活火山旁的现代艺术博物馆

20. 电影

建筑不仅是一个空间结构，更是一种文化和艺术氛围。音乐、电影、文学等各种艺术形式都可以成为建筑设计的氛围参照，建筑师如同导演，通过营造氛围影响人的情感体验。例如，音乐的旋律可以变化为建筑空间的流线，文学中的意境可演绎为建筑肌理和材质，电影镜头的衔接可类比为建筑内外空间的视觉联络，哲学思想也可以通过空间比喻体现出来。

Prompt：（X 主体）curved architectural city from the movie “Inception”,（Y 风格）surreal style（Z 参数）--ar 2∶3

提示词：（X 主体）电影《盗梦空间》中的弧形建筑城市，（Y 风格）超现实风格（Z 参数）--ar 2∶3

图 3-35 《盗梦空间》式的弧形建筑城市

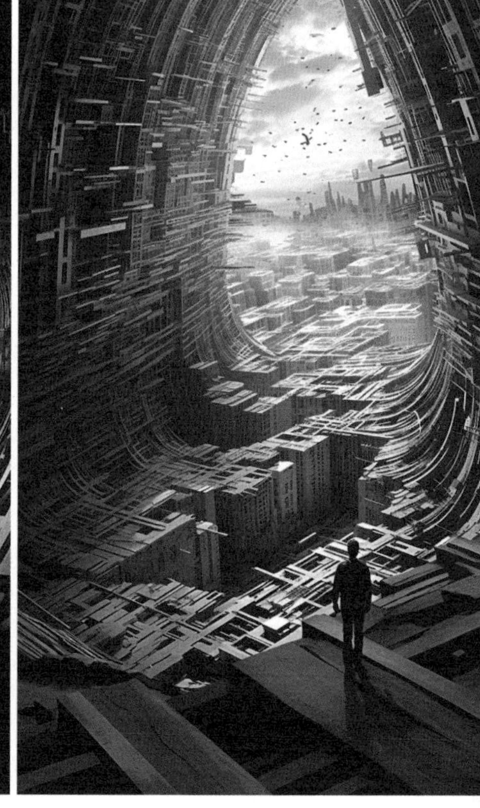

还能通过什么方式来获得更多有趣的建筑概念提示词?

What are some other ways to get more interesting prompts for architectural concepts?

就像建筑师在学习建筑学时会借鉴优秀的作品，我们在使用 AI 时也可以从优秀的创作中借鉴他们的提示词编写方式。考虑到学习使用 AI 和学习绘画的相似性，最佳的学习方式并非直接套用模板。那么有什么替代的方式呢？可以选择实物图像或他人的创作的提示词作为参考，如果不熟悉英文，也可以选择先用中文作为起点，然后利用 ChatGPT 进行翻译。随着模仿的作品越来越多，我们将渐渐理解如何创作出相似的图片。

访问 Midjourney 社区，点击左侧的 Explore 按钮便可轻松开启学习。另外，也可以访问 Lexcia 社区，这是一个庞大的 AI 生成图像和提示词的数据库。

还有一个强大的提示词构建器叫 promptoMANIA，适用于市面上主流的 AI 生图软件，它以结构化的方式来组合构建提示词，可复制性和拓展性很高。

图 3-36　Midjourney 社区首页

AI 工具对于建筑设计的创造性主要有哪些影响？

Q13

What are the main effects of AI tools on creativity in architectural design?

AI 将对建筑设计的创造性产生以下几点主要影响：

1. 增强创新

AI 可以迅速生成大量的设计概念，促使建筑师更加深入思考和探索，激发出前所未有的建筑创新灵感。

2. 提高效率

AI 可以在短时间内完成大量的图像化工作，给建筑师腾出更多的时间来专注于他们所擅长和热爱的设计创意部分。

3. 优化决策

AI 可以帮助建筑师进行快速试验和优化，通过对设计概念的验证和迭代，建筑设计决策变得更加科学。

4. 改变方式

AI 工具将改变建筑师设计的方式，以前需要手动完成的复杂步骤，现在有可能被自动化和简化，这使设计过程变得更加流畅和直观。

5. 激发思维

与 AI 工具的互动有可能激发建筑师产生新的设计思维，打破现有的认知和习惯，进一步提升设计的创新水平。

6. 拓宽视角

AIGC 是基于庞大的数据库来完成的，不受地域、文化等因素的限制，这可以帮助建筑师拓宽设计视角，汲取全球的设计元素和理念，产生更丰富多元的建筑设计作品。

CHAPTER 4

AI与
建筑设计实战

以普林斯顿大学计算机科学系教学楼建筑设计为例

AI and
Architectural Design Practice

An Example of the Design of
Academic Building for Princeton University
Computer Science Department

AI，你好。

AI 工具不仅提高了我日常工作的效率，为我节省了不少时间，还帮我一起描绘出了许多富有创造力的好设计。

客户都对我们的作品很满意，还让我结合 AI 工具来主导一个新项目的建筑设计。现在我们就以普林斯顿大学计算机科学系教学楼建筑设计为例一起来开始做设计吧！

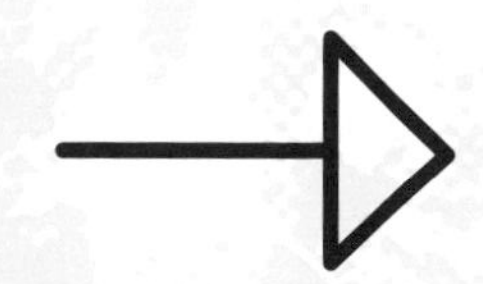

AI 可以帮忙做项目调研吗?

Can AI help with research on this project?

恭喜接到这个项目！以下是项目前期调研，包括项目概述、校园历史分析、现有建筑风格分析、曾参与设计的著名设计师以及可参考的设计案例。

1. 项目概述

普林斯顿大学计算机科学系新教学楼项目需要达到以下 3 个目标：

1 **科技前沿** 新的教学楼将成为普林斯顿计算机科学系探索科技前沿的象征，反映对最新科技和创新的执着追求。

2 **跨学科链接** 设计需突出该教学楼作为一个链接不同学科工具的角色，未来将提供一个促进学术合作和创新的空间。

3 **建筑环境和传承** 项目需要回应校园环境，与周围的贝聿铭、罗伯特·文丘里（Robert Venturi）和弗兰克·盖里（Frank Gehry）等建筑师所设计的建筑相呼应，传承普林斯顿大学的历史风貌。

建筑内部需包括以下 3 个功能的空间：

1 **教室** 用于常规教学、工作坊和小组活动，为学生提供高效的学习环境。

2 **研究空间** 包括实验室、研究办公室或其他专门区域，供教师和学生进行科学或学术研究使用。

3 **汇报厅 / 阶梯教室** 更大的空间，用于举办讲座、报告或研讨会。

2. 校园历史分析

普林斯顿大学作为美国最早的 4 所高校之一，拥有悠久而厚重的历史。不仅如此，它更引以为傲的是共培养了两位美国总统，以及 69 位诺贝尔奖获得者。大学校园建设也反映了美国校园的发展和演变，主要分为以下 4 个阶段。

1 创立早期 1746 年~1800 年

普林斯顿大学的历史可追溯到 1746 年，最初以“新泽西学院”的名义成立。它于 1756 年迁至现在的新泽西州普林斯顿市，而拿骚堂（Nassau Hall）则于同一年竣工，成为校园的中心建筑。这座建筑见证了许多重要的历史事件，承载了普林斯顿大学悠久的教育传统和价值观。

2 扩展与哥特复兴 19 世纪

在 19 世纪末和 20 世纪初，校园显著扩展，风貌融入了哥特式建筑风格，建筑师拉尔夫·亚当斯·克拉姆（Ralph Adams Cram）在塑造这一风格方面起到了关键作用。

3 现代化与增长 20 世纪

随着普林斯顿大学多样化的学术发展需求，校园也随之扩张。现代主义建筑风格逐渐出现在校园里，著名建筑师贝聿铭在这一方面做出了贡献。作为普林斯顿大学校友，罗伯特·文丘里也对普林斯顿大学校园产生了影响，他的一个显著贡献是与丹尼斯·斯科特·布朗（Denise Scott Brown）一起设计了刘易斯·托马斯实验室（Lewis Thomas Laboratory），该建筑将现代主义手法与校园现有哥特式建筑风格微妙结合。

4 后现代主义与当代设计 20 世纪末至今

更近期的发展包括后现代和当代建筑，著名建筑师弗兰克·盖里的设计为校园增添了独特的风采。新建筑逐渐融入了可持续设计原则，反映了对环境责任的承诺。近期建筑功能的扩展包括艺术、科学和跨学科研究领域，满足校园不断变化的学术需求。

3. 建筑风格分析

普林斯顿大学自拿骚堂建成以来不断向南扩张，校园的演变经历了多个阶段，建筑风格则反映了各个时期不同的审美观念。这些建筑不仅具有实用性，还承载着校园的历史和价值观，成为校园独特的文化遗产。

1 **哥特复兴建筑** 普林斯顿大学的许多标志性建筑采用了哥特复兴建筑风格，这包括研究生宿舍以及校园老区的众多建筑。这些建筑通常具有尖拱形式的门廊、拱形顶棚和精致的石雕等特征，这些元素赋予了校园建筑独特的视觉魅力。这一建筑风格强调了历史和传统价值观，成为普林斯顿大学的标志之一。

2 **希腊复兴建筑** 学校有些建筑也反映了希腊复兴风格，这些建筑通常具有古典柱式、山形墙以及对称的比例。

3 **新古典主义建筑和乔治亚风格** 学校部分建筑展示了新古典主义和乔治亚风格（Georgia Style）的特点，这些建筑通常具有对称典雅的立面、古典柱式以及华丽的檐口。

4 **现代主义建筑** 在20世纪期间，学校出现了现代主义建筑。罗伯特森会堂（Robertson Hall）展现了这种风格，它具有简洁的线条、实用的规划和极简的装饰。

5 **后现代主义建筑** 普林斯顿大学还拥有后现代主义建筑实例，这些建筑通常将传统和现代元素巧妙地融合在一起。一些较新的建筑展现了对古典图案有趣地重新诠释，将传统风格与当代设计相结合。

6 **以可持续性为重点的设计** 近年来，校园建筑也开始融入环境友好的设计原则。一些建筑以可持续性为出发点而建造，采用了一系列的节能材料和技术。

7 **折衷混搭** 校园内的许多建筑呈现出折衷混搭的特点，而非完全契合某一种单一风格，这种多样性的建筑风格反映了不同时期和不同文化的相互影响和结合。

4. 曾参与普林斯顿大学设计项目的建筑师

1. **拉尔夫·亚当斯·克拉姆** 以其哥特复兴风格而著名，参与了普林斯顿大学一些最具标志性的建筑设计。
2. **贝聿铭** 贝聿铭建筑事务所于1971年开始设计了劳拉·斯佩尔曼·洛克菲勒学生公寓（Laura Spelman Rockefeller Halls），展现了简洁的现代主义线条。
3. **罗伯特·文丘里和丹尼斯·斯科特·布朗** 二人于1986年设计了刘易斯·托马斯实验室，反映了他们的后现代主义手法。
4. **弗兰克·盖里** 这位著名建筑师于2008年设计了彼得·刘易斯图书馆（Peter B. Lewis Library），展示了他标志性的曲线风格。

5. 知名教学楼设计案例

以下列举了计算机科学系或工程学院的建筑先例，都因其独特设计以及对教育和研究产生的有利影响而受到高度赞誉：

1. **华盛顿大学保罗·加德纳·艾伦计算机科学与工程中心**
   Paul G. Allen Center for Computer Science & Engineering
   LMN 建筑事务所（LMN Architects）
   该建筑强调开放空间和自然光，以创造有利于学习的环境。
2. **麻省理工学院雷与玛利亚·史塔特科技中心**
   Ray and Maria State Center
   弗兰克·盖里
   这座建筑以其解构主义风格而著名，其设计旨在促进合作和偶然的互动。
3. **杜克大学菲茨帕特里克跨学科工程、医学和应用科学中心**
   Fitzpatrick Center for Interdisciplinary Engineering，Medicine，and Applied Sciences
   ZGF 建筑事务所（ZGF Architects）
   该建筑的功能专注于为跨学科研究提供便利，包括许多专用实验室。

4 **得克萨斯大学奥斯汀分校比尔及梅琳达·盖茨计算机科学综合大楼**

Gates-Dell Complex

佩里·克拉克建筑事务所（Pelli Clarke & Partners，PC&P）

该综合大楼提供了一系列的实验室、教室和合作空间，并强调可持续性和创新设计。

6. 上述案例的共性

在这些为计算机科学系或工程学院设计的建筑中有几个常见的设计元素和原则：

1 **合作空间** 最常见的特点之一是强调合作性和开放性，学生和教师可以在其中互动、交流想法和进行项目工作。这些通常是开放式实验室、公共休息室和“思想碰撞空间”，鼓励未经计划的互动。

2 **技术基础设施** 这些建筑通常包括最先进的技术设施，从先进的计算实验室和高速互联网到尖端的视听系统。它们旨在满足现代计算机科学和工程的研究与教育对高技术的需求。

3 **灵活布局** 为未来设计是一个关键点。这些建筑通常具有模块化和可重新配置的空间，可以轻松适应不断变化的教育需求和新兴技术。

4 **可持续设计** 鉴于对环境保护意识的不断增强，这些建筑大多采用可持续设计原则。这包括使用环保建筑材料、高效的暖通空调系统以及可再生能源。

5 **引入自然光** 这些建筑通常营造出明亮、温馨的氛围。它们采用开放式布局，大量使用玻璃材料，确保充足的自然光进入室内。这已经被证明能够提高工作效率和幸福感。

6 **支持跨学科融合** 这些建筑中不仅为计算机科学或工程单一学科而设计，还为跨学科工作设计。空间可以与其他部门或领域共享，鼓励更广泛的学术合作。

如何在初步概念基础上丰富已有提示词?

How to enrich existing prompts based on initial concepts?

1. 选择基础提示词

为了满足计算机科学系的需求，这座教学建筑旨在成为一个多学科交流中心。一个公共的中庭将成为建筑的核心，促进学术研究互动。在形态设计上，可以尝试不同的原型，如立方体与圆柱体的组合，或是剪裁多个方块体量以形成公共空间。建筑的风格应当与周围建筑相协调，继承普林斯顿大学的历史传统。因此产生了以下提示词的组合:

Prompt: [modern educational building] + [box with cylinder] + [in Princeton University] + [I.M. Pei and Robert Venturi]
提示词: [现代教育建筑] + [立方体结合圆柱体] + [位于普林斯顿大学内] + [贝聿铭与罗伯特 · 文丘里]

2. 增加建筑细节提示词

当考虑增加建筑细节时，特别是关于材料和颜色的选择，我们可以采用深红色外立面砖，与周围的建筑相协调。这种颜色选择将建筑融入校园环境，并保持一致性。此外，由于项目资金来自谷歌前 CEO 埃里克 · 埃默森 · 施密特 (Eric Emerson Schmidt) 的教育基金，可以考虑在建筑中引入与谷歌办公室有关的元素，以突显项目的背景和关联。这种选择能够更生动地传达项目的愿景和特点。

Prompt: [dark red brick] + [Google office]
提示词: [深红色砖块] + [谷歌办公室]

3. 使用 Photorenlistic 丰富提示词

上面的两组提示词并不能直接运用，接下来我们使用 ChatGPT 中的 Photorealistic 插件来进一步丰富上述的提示词。Photorealistic 插件是基于 ChatGPT 开发的帮助基于使用者提供的简单提示词生成复杂提示词的工具。在 Photorealistic 插件中，输入以下内容："我想生成一幅现代教育建筑的图像，该建筑应为矩形和圆柱形。它应该将现代建筑风格与哥特复兴风格相结合。该建筑位于普林斯顿大学，由罗伯特·文丘里设计。建筑由深红色砖石构成，内部设计与谷歌办公室相似。"我们就能获得以下两个版本的提示词。有了这些提示词，我们就可以输入 Midjourney 软件中进行绘图测试与迭代了。

Prompt 1：A striking architectural blend of modern and Gothic Revival styles in Princeton University，designed by Robert Venturi. The building showcases box and cylinder shapes，constructed with dark red brick. The Gothic Revival elements are evident in the pointed arches and intricate stonework，while the interior is inspired by Google's office design. Capture this building during a clear day，emphasizing the unique fusion of styles. Medium：Photorealistic architecture rendering，Style：Modern meets Gothic Revival，Lighting：Bright daylight with defined shadows，Colors：Dark red brick，contrasting blues，and vibrant interior tones，Composition：Canon EOS 5D Mark Ⅳ DSLR camera，EF 24mm f/1.4L Ⅱ USM lens，Resolution 30.4 megapixels，ISO 100，Shutter speed 1/125，wide-angle view，high-sharpness，depth-of-field，ultra-detailed photography --ar 16:9 --v 5.1 --style raw --q 2 --s 750

提示词 1：由罗伯特·文丘里设计的位于普林斯顿大学的一座将现代与哥特复兴风格融合的引人注目的建筑，该建筑由方体与圆柱体组合，用深红色砖块建造。哥特复兴元素体在尖顶拱门和复杂的石雕中。室内设计则受到谷歌办公室设计的启发。照片拍摄于一个晴朗的白天，强调建筑独特的融合风格。媒介：写实建筑渲染。风格：现代与哥特复兴融合，光照：明亮的日光与明显的阴影，颜色：深红色砖块，对比鲜明的蓝色和充满活力的室内色调。佳能 EOS 5D Mark Ⅳ单反相机，EF 24mm f/1.4L Ⅱ USM 镜头，分辨率 3040 万像素，ISO 100，快门速度 1/125，广角视图，高锐度，景深，细节丰富的照片 --ar 16:9 --v 5.1 --style raw --q 2 --s 750

Prompt 2：An architectural masterpiece at Princeton University by Robert Venturi，merging modern box and cylindrical shapes with the elegance of Gothic Revival style. The facade's dark red brick is complemented by Gothic arches and ornate details，while the interior boasts a Google-like office environment. Capture this image during the golden hour，allowing the warm sunlight to dance on the brick and Gothic features. Medium：Photorealistic rendering，Style：Contemporary blended with Gothic Revival，Lighting：Golden hour with warm highlights and intricate shadows，Colors：Deep reds，warm golds，and lively interior hues，Composition：Nikon D850，Nikkor 20mm f/1.8G ED lens，Resolution 45.7 megapixels，ISO 64，Shutter speed 1/100，wide-angle perspective，intricate detailing，long exposure time，f/8，back-lighting，award-winning photograph --ar 16:9 --v 5.1 --style raw --q 2 --s 750
提示词 2：由罗伯特·文丘里设计的普林斯顿大学的一座建筑杰作，将现代的方体和圆柱体与哥特复兴风格融合。建筑的深红色砖石立面与哥特拱门和精致细节相得益彰，而室内环境则具有类似谷歌办公室的设计风格。照片在黄金时段拍摄，让温暖的阳光在砖墙和哥特风格上跳动。媒介：写实渲染，风格：现代与哥特复兴相结合，光照：黄金时段，温暖的高光和复杂的阴影，颜色：深红色、温暖的金色和充满活力的室内色调。构图：尼康 D850 相机，尼克尔 20mm f/1.8G ED 镜头，分辨率 4570 万像素，ISO 64，快门速度 1/100，广角视角，精致的细节，长时间曝光，光圈 f/8，逆光，获奖摄影作品 --ar 16:9 --v 5.1 --style raw --q 2 --s 750

如何筛选与迭代提示词？

How should we filter and interate on prompts?

我们在测试中发现 Photorealistic 提供的提示词有过多的元素，难以控制变量，太精确的描述又让图片缺少扩展的可能性。下面介绍一下以上述提示词为基础进行筛选，从简单到复杂一步一步进行的设计迭代。

1. 使用提示词确定环境风格

如第 2 章所说，可以通过 Midjourney 的描述功能（/describe）从现场照片中提取出一些提示词。经过一些不同组合的测试，我们可以发现只要加上“在普林斯顿大学”（in Princeton University），就可以基本还原普林斯顿大学的场景，而不需要其他提示词。

图 4-1　环境提示词测试

2. 增加建筑功能和风格的描述

基于前章结论，我们从建筑主体开始丰富提示词。例如，在“在普林斯顿大学校园”这个提示词之前，我们可以添加与建筑功能和风格相关的提示词，如“一座教育建筑，融合了现代与哥特复兴建筑风格”。

Prompt：an educational building，blend of modern and gothic revital style in Princeton University，Canon EOS 5D Mark Ⅳ DSLR camera，EF 24mm f/1.4L Ⅱ USM lens，Resolution 30.4 megapixels，ISO 100，Shutter speed 1/125，wide-angle view，high-sharpness，depth-of-field，ultra-detailed photography --ar 16：9 --v 5.1 --style raw --q 2 --s 750

提示词：位于普林斯顿大学的一座教育建筑，融合了现代与哥特复兴建筑风格。使用佳能 EOS 5D Mark Ⅳ单反相机，EF 24mm f/1.4L Ⅱ USM 镜头，分辨率 3040 万像素，ISO 100，快门速度 1/125，广角视图，高锐度，景深，细节丰富的照片 --ar 16：9 --v 5.1 --style raw --q 2 --s 750

从测试结果来看，Midjourney 生成的建筑具有强烈的哥特复兴建筑风格。这可能是因为训练数据中没有包含“轻微哥特复兴建筑风格”的标签，导致它难以理解，可以考虑去掉“哥特复兴建筑风格”。

图 4-2　增加建筑功能和风格的描述测试

Prompt：a modern style educational building for computer science department，in Princeton University，Canon EOS 5D Mark Ⅳ DSLR camera，EF 24mm f/1.4L Ⅱ USM lens，Resolution 30.4 megapixels，ISO 100，Shutter speed 1/125，wide-angle view，high-sharpness，depth-of-field，ultra-detailed photography --ar 16：9 --v 5.1 --style raw --s 750

提示词：普林斯顿大学计算机科学系的一座现代风格教育建筑。佳能 EOS 5D Mark Ⅳ单反相机，EF 24mm f/1.4L Ⅱ USM 镜头，分辨率 3040 万像素，ISO 100，快门速度 1/125，广角视角，高清晰度，景深，细节丰富的照片 --ar 16：9 --v 5.1 --style raw --s 750

Midjourney 为我们生成了 4 张不同风格的建筑照片。其中，左上角的建筑更符合我们项目的预期。它大量采用玻璃幕墙，暗示着入口与大堂空间，过渡到石材立面的教室区域。右侧的尖顶回应了普林斯顿大学的建筑风格。其他图片中也展示出一部分风格融合的迹象，说明这些提示词具有发展潜力。

图 4-3 纠正后的建筑功能和风格的描述测试

3. 增加建筑体量的描述

建筑师可以按照实际项目体量进行测试。作为示例，我们可以考虑使用一个圆柱体的塔楼与立方体的裙楼相结合，并结合上文 Photorealistic 插件提供的提示词。

Prompt：a modern style educational building，cylinder tower connect to rectangle podium，for computer science department，in Princeton University，Canon EOS 5D Mark IV DSLR camera，EF 24mm f/1.4L Ⅱ USM lens，Resolution 30.4 megapixels，ISO 100，Shutter speed 1/125，wide-angle view，high-sharpness，depth-of-field，ultra-detailed photography --ar 16：9 --v 5.1 --style raw --s 750

提示词：普林斯顿大学计算机科学系的一座现代风格教育建筑，该建筑的特点是有一个圆柱体的塔楼与一个立方体的裙楼相连接。佳能 EOS 5D Mark IV 单反相机，EF 24mm f/1.4L Ⅱ USM 镜头，分辨率 3040 万像素，ISO 100，快门速度 1/125，广角视角，高清晰度，景深，细节丰富的照片 --ar 16：9 --v 5.1 --style raw --s 750

图 4-4　增加建筑体量的描述测试

4. 增加建筑大师名字的描述

根据之前收集的信息，罗伯特·文丘里为普林斯顿大学设计了不少建筑，在提示词中加入他的名字做测试，看看会产生什么样的结果。

Prompt：a modern style educational building，cylinder tower connect to rectangle podium，design by Robert Venturi. for computer science department，in Princeton University，Canon EOS 5D Mark IV DSLR camera，EF 24mm f/1.4L Ⅱ USM lens，Resolution 30.4 megapixels，ISO 100，Shutter speed 1/125，wide-angle view，high-sharpness，depth-of-field，ultra-detailed photography --ar 16：9 --v 5.1 --style raw --s 750

提示词：普林斯顿大学计算机科学系的一座现代风格教育建筑，由罗伯特·文丘里设计。该建筑的特点是有一个圆柱体的塔楼与一个立方体的裙楼相连接。佳能 EOS 5D Mark Ⅳ单反相机，EF 24mm f/1.4L Ⅱ USM 镜头，分辨率 3040 万像素，ISO 100，快门速度 1/125，广角视角，高清晰度，景深，细节丰富的照片 --ar 16：9 --v 5.1 --style raw --s 750

图 4-5　增加建筑大师名字的描述测试 1

这些提示词生成的结果又缺少了普林斯顿大学的风格，显得与周围建筑不同，所以调整了提示词的顺序，进行重新生成。

图 4-6　增加建筑大师名字的描述测试 2

我们在设计过程中也发现修改提示词会改变 Midjourney 对于设计的整体理解。所以我们需要灵活地调整，增加或者删除一些提示词。比如再次增加了“哥特复兴建筑风格”，让设计回应场地。

Prompt：a modern style educational building in Princeton University，cylinder tower connect to rectangle podium，design by Robert Venturi，with a little Gothic Revival styles，google office，Canon EOS 5D Mark Ⅳ DSLR camera，EF 24mm f/1.4L Ⅱ USM lens，Resolution 30.4 megapixels，ISO 100，Shutter speed 1/125，wide-angle view，high-sharpness，depth-of-field，ultra-detailed photography --ar 16：9 --v 5.1 --style raw --s 750

提示词：位于普林斯顿大学的一座现代风格教育建筑，由罗伯特·文丘里设计。该建筑的特点是有一个圆柱体的塔楼与一个立方体裙楼相连接，同时还融入少量的哥特复兴建筑风格元素。室内设计风格类似于谷歌的办公环境。佳能 EOS 5D Mark Ⅳ单反相机，EF 24mm f/1.4L Ⅱ USM 镜头，分辨率 3040 万像素，ISO 100，快门速度 1/125，广角视角，高清晰度，景深，细节丰富的照片 --ar 16：9 --v 5.1 --style raw --s 750

图 4-7　增加建筑大师名字的描述测试 3

如果想要更现代的风格，可以把建筑大师的名字换成伦佐·皮亚诺，会获得非常有趣的现代与传统的对话。

Prompt: a modern style educational building in Princeton University, cylinder tower connect to rectangle podium, design by Renzo Piano, for computer science department, with a little Gothic Revival styles, Canon EOS 5D Mark Ⅳ DSLR camera, EF 24mm f/1.4L Ⅱ USM lens, Resolution 30.4 megapixels, ISO 100, Shutter speed 1/125, wide-angle view, high-sharpness, depth-of-field, ultra-detailed photography --ar 16：9 --v 5.1 --style raw --s 750

提示词：位于普林斯顿大学的一座现代风格的教育建筑，由伦佐·皮亚诺设计，专为计算机科学系使用。该建筑的特色是有一个圆柱体的塔楼与一个立方体的裙楼相连接，同时还融入了少量的哥特复兴建筑风格元素。佳能 EOS 5D Mark Ⅳ单反相机，EF 24mm f/1.4L Ⅱ USM 镜头，分辨率 3040 万像素，ISO 100，快门速度 1/125，广角视角，高清晰度，景深，细节丰富的照片 --ar 16：9 --v 5.1 --style raw --s 750

图 4-8　增加建筑大师名字的描述测试 4

5. 增加细节的描述

在我们设计场地的周围建筑都采用了深红色的砖作为立面材料，所以我们可以在提示词中添加“深红色砖”以及“夕阳”渲染气氛。这些提示词既可以利用 Photorealistic 这个插件添加，也可以从其他人的优秀作品中获得灵感。

Prompt：a modern style educational building in Princeton University，cylinder tower connect to rectangle podium，design by Renzo Piano，material is dark red brick and glass，with a little Gothic Revival styles，Capture this image during the golden hour，allowing the warm sunlight to dance on the brick，Canon EOS 5D Mark Ⅳ DSLR camera，EF 24mm f/1.4L Ⅱ USM lens，Resolution 30.4 megapixels，ISO 100，Shutter speed 1/125，wide-angle view，high-sharpness，depth-of-field，ultra-detailed photography --ar 16：9 --v 5.1 --style raw --s 750

提示词：位于普林斯顿大学的一座现代风格的教育建筑，由伦佐・皮亚诺设计。该建筑的特点是有一个圆柱体的塔楼和一个立方体的裙楼相连接，主要材料为深红色砖块和玻璃。同时，建筑也融入了少量的哥特复兴建筑风格。这张照片在日落时拍摄，温暖的阳光洒落在砖墙上。佳能 EOS 5D Mark Ⅳ单反相机，EF 24mm f/1.4L Ⅱ USM 镜头，分辨率 3040 万像素，ISO 100，快门速度 1/125，广角视角，高清晰度，景深，细节丰富的照片 --ar 16：9 --v 5.1 --style raw --s 750

图 4-9　增加细节的描述测试

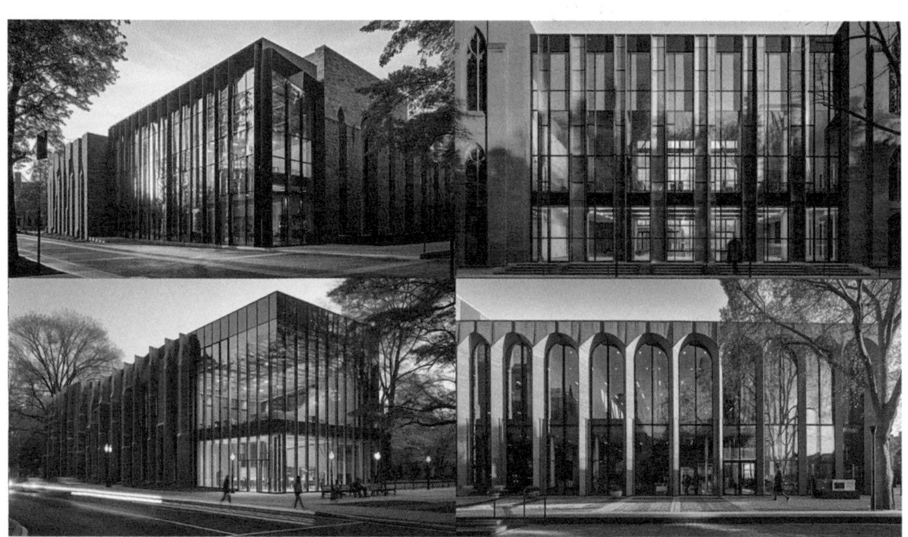

上述图片各有特色，都契合普林斯顿大学的风格。尤其是最后一张图片中简洁建筑体量下挑高的拱廊，在现代与传统中找到了不错的平衡点。扫码查看视频教程。

AI 可以给出一些迭代方向吗?

Can AI give some iterative directions?

Q17

根据以上几轮的推演和迭代，我们获得了一些有趣的设计，将其中值得学习的部分结合起来作为灵感库，并进一步调整和测试使建筑达到客户功能、预算和审美上的需求。我们获得了以下 4 种方案效果图。

图 4-10　方案 A

在这个方案中，圆筒形与哥特式造型结合，出现了有趣的设计细节。如果把教授的办公室或者公共空间放在这些地方，这里的人们会享受特别好的采光与窗景。

图 4-11　方案 B

在这个方案中，我们可以把开放透明的首层设计作为公共学习空间，让其他专业的学生了解计算机科学专业的活动，或者在这里休息，可能会激发意想不到的创意火花。

图 4-12　方案 C

在这个方案中，建筑采用方正的造型和合适的开窗设计，使其具有明确的秩序感。这种设计不仅使建筑外观整洁，还相对经济实惠，有助于高效利用内部空间。

这个方案令人惊叹，其中的提示词涵盖了哥特复兴建筑风格和伦佐·皮亚诺的元素，呈现了大量的玻璃和金属结构，却同时传达了传统的哥特式建筑风格。这透明的建筑就像校园中的一座灯塔，不仅指引方向，还汇聚了不同学科的精英。

图 4-13　方案 D

如何根据建筑体量结合设计概念进行方案深化？

How to deepen the programme based on the building volumes in combination with the design concepts?

Q18

我们基于任务书中要求的面积确定了建筑体量，并通过 SketchUp 等三维建模软件推敲出大体的形态后，可以将模型截图导入到 Midjourney 中进行深化。

图 4-14 建筑体量的模型截图

将图片上传到 Midjourney，以该图片的链接作为提示词（上传后会获得一个网址链接，图 4-14 上传后得到了"https://s.mj.run/S7MclLQMOVI"）的方式影响 Midjourney 生成的图像。我们再将之前的提示词作为后缀，并调整图像权重（--iw）来调节输入图片对于结果的影响。

Prompt：https://s.mj.run/S7MclLQMOVI a photo of modern style educational building in Princeton University，stacked box，design by I.M. Pei and Robert Venturi，material is dark red brick and glass，with a little Gothic Revival styles，Capture this image during the golden hour，allowing the warm sunlight to dance on the brick，Canon EOS 5D Mark Ⅳ DSLR camera，EF 24mm f/1.4L Ⅱ USM lens，Resolution 30.4 megapixels，ISO 100，Shutter speed 1/125，wide-angle view，high-sharpness，depth-of-field，ultra-detailed photography --ar 16：9 --v 5.2 --style raw --s 750 --iw 0.75 --no sketch

提示词：图 4-14 的图片链接 + 一张位于普林斯顿大学的现代风格教育建筑的照片，该建筑呈现类似堆叠箱子状，由贝聿铭和罗伯特·文丘里设计。主要使用的材料是深红色的砖和玻璃，同时也融入了一点哥特复兴建筑风格。照片在金色时段拍摄，让温暖的阳光在砖墙上跳动，佳能 EOS 5D Mark Ⅳ单反相机，EF 24mm f/1.4L Ⅱ USM 镜头，分辨率 3040 万像素，ISO 100，快门速度 1/125，广角视角，高清晰度，景深，细节丰富的照片 --ar 16：9 --v 5.2 --style raw --s 750 --iw 0.75-- 不要草图风格

图 4-15　基于模型截图生成设计

然而，从结果来看，这样简单的工作流程无法产生我们想要的效果。其原因在于 Midjourney 本身的设计过程侧重于提示词的风格，而不是呈现在图像中的建筑形体。因此，要获得与原图相似的形态并增加更多细节是相对困难的。这时需要通过建筑师的思维和实际操作来填补这一空缺。建筑师可以总结之前 Midjourney 生成的概念图像中的建筑元素，将其以手绘的方式添加到建筑体量中形成草图，并通过文字描述手绘内容的方式获得新的提示词。

如何完成从草图到效果图的迭代?

How to accomplish the iteration from sketch to rendering?

1. 描述草图内容

首先需要描述草图中的重要内容，例如右侧的拱形窗户，中央入口等。我们利用 Midjourney 的描述功能（/describe）获取了以下 3 种提示词。

图 4-16　建筑手绘草图

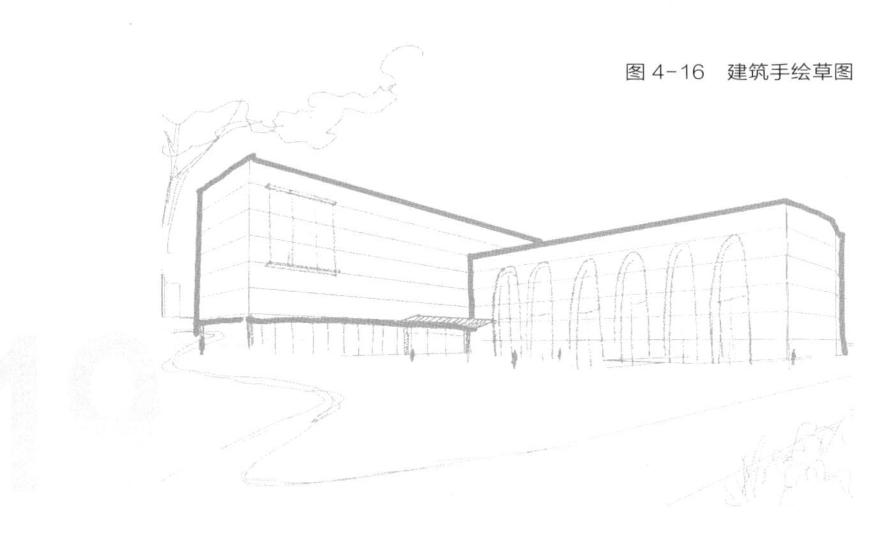

提示词 A

a drawing of a large building at an entrance, in the style of minimalistic lines, bold black outlines, byzantine-inspired, curvilinear, 3840×2160 --ar 64:41

一幅大型建筑入口处的图画，采用简约线条、大胆黑色轮廓、拜占庭风格、曲线形态的风格，分辨率 3840×2160 --ar 64:41

提示词 B

a building sketch for the public library, in the style of smooth lines, arched doorways, bold black outlines, expansive spaces, clean-lined --ar 64:41

一幅公共图书馆建筑草图，采用流畅线条、拱形门道、大胆黑色轮廓、宽敞空间、干净线条的风格 --ar 64:41

提示词 C

drawing of an office building with a large roof and tall windows, in the style of byzantine-inspired, streamlined forms, minimalistic black and white sketches, expansive spaces, arched doorways --ar 64:41

一幅具有大屋顶和高窗户的办公楼图画，采用拜占庭风格、流线型表达、简约黑白草图、宽敞空间、拱形门口的风格 --ar 64:41

2. Midjourney 重新迭代

我们可以将草图与提示词一起重新放入 Midjourney 进行迭代。这里我们需要加入一些强调草图特点的提示词：建筑黑白草图（black and white sketch of a building）、轮廓清晰（clear outlines）、没有污痕（--no smudge）、图片权重为 2（--iw 2）。

Prompt：https://s.mj.run/Z3rw7XyyOCU a building sketch for educational building，with large arch window，a lot of details，in Princeton University style，black and white sketch of a building，clear outlines --v 5.2 --no smudge --ar 16：9 --iw 2

提示词：图 4-16 的图片链接 + 一幅教育建筑草图，具有大拱形窗户和许多细节，以普林斯顿大学风格为基础，建筑的黑白草图，轮廓清晰 --v 5.2 -- 不要污渍图案 --ar 16：9 --iw 2

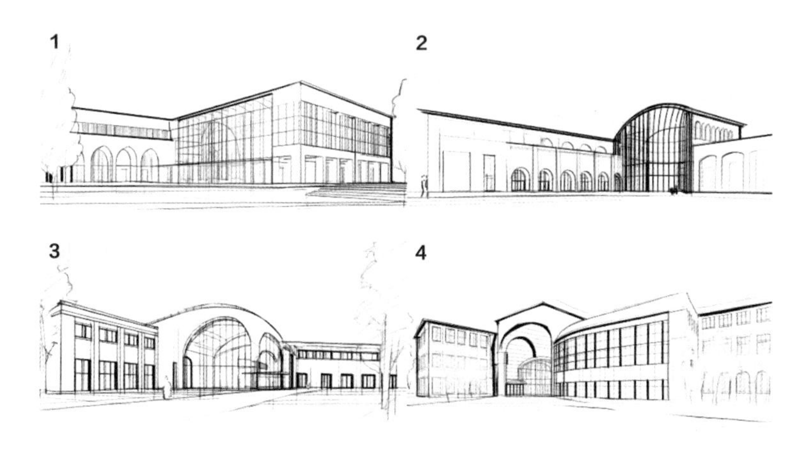

图 4-17 Midjourney 重新迭代生成的草图

经过几轮快速生成，我们找到一些潜在的草图作为深化设计的方向，这些草图可以用于概念设计阶段。如果进展到方案阶段或者需要更贴近实际建筑体量时，我们可以进行更多轮的迭代，以找到与设想的建筑体量更接近的草图。候选草图也可以传入 Stable Diffusion 进行上色。

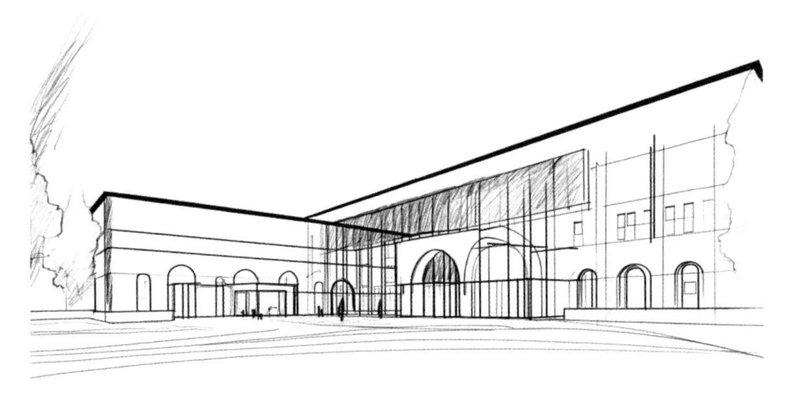

图 4-18　多轮迭代后的候选草图

3. 草图转换效果图

接下来，我们需要将草图不断重新输入到 Midjourney 中，并通过替换提示词来实现从草图到效果图的转换。在每一轮迭代中，我们需要将上一轮产生的图片作为输入图片，并对提示词进行修改。

Prompt：https://s.mj.run/Z3rw7XyyOCU a building sketch for educational building，with large arch window，a lot of details，in Princeton University style，black and white sketch of a building，clear outlines--v 5.2 --no smudge --ar 16：9 --iw 2

提示词：图 4-18 的图片链接 + 一幅教育建筑草图，具有大拱形窗户和许多细节，以普林斯顿大学风格为基础，建筑的黑白草图，轮廓清晰 --v 5.2 -- 不要污渍图案 --ar 16：9 --iw 2

Prompt：https://s.mj.run/_0_AJOJiDb0 a photo of educational building，with large arch window，a lot of details，in Princeton University style，ultra-detailed photography，8K --v 5.2 --no lines，sketch，scribble --ar 16：9 --iw 2

提示词：图 4-18 的图片链接 + 一张教育建筑的照片，具有大拱形窗户和大量细节，以普林斯顿大学风格为基础，细节丰富的照片，8K 分辨率 --v 5.2 -- 不要线稿、草稿与潦草的涂鸦风格 --ar 16：9 --iw 2

将提示词中所有与草图相关的变为与照片相关的，逐渐去除草图中的线等元素。

图 4-19　草图转换效果图

以上生成的 4 张图片已经基本符合输入的草稿了，我们可以选择与草稿契合度最高的一张进行放大。之后，我们再使用选中的草图重新输入，在提示词中加入我们想要强调的建筑元素等。

Prompt：a photo of modern educational building，with large arch window on right side，dark red brick on left side，ultra-detailed photography，8K --v 5.2 --no lines，sketch，scribble --ar 16：9 --style raw

提示词：一张现代教育建筑的照片，右侧有大拱形窗户，左侧为深红色砖石，细节丰富的照片，8K 分辨率 --v 5.2 -- 不要线稿、草稿与潦草的涂鸦风格 --ar 16：9 --style raw

图 4-20　增加效果图细节

在此之上，我们还可以加入之前提示词中的各种描述，让图片更有氛围。

Prompt：https：//s.mj.run/WAYlzpV2nME，**a photo of modern educational building，photography of building，Capture this image during the golden hour，with trees and a lot of student in the foreground Canon EOS 5D Mark Ⅳ DSLR camera，EF 24mm f/1.4L Ⅱ USM lens，Resolution 30.4 megapixels，ISO 100，Shutter speed 1/125，wide-angle view，high-sharpness，depth-of-field，ultra-detailed photography --v 5.2 --no lines，sketch，scribble --ar 16：9

提示词：图 4-20 的图片链接 + 一张现代教育建筑的照片，建筑摄影，照片拍摄于黄金时段，前景有树木和很多学生。使用佳能 EOS 5D Mark Ⅳ单反相机，EF 24mm f/1.4L Ⅱ USM 镜头，分辨率 3040 万像素，ISO 100，快门速度 1/125，广角视图，高锐度，景深，细节丰富的照片 --v 5.2 -- 不要线稿、草稿与潦草的涂鸦风格 --ar 16：9

图 4-21　最终效果图

在上述案例中，我们看到 Midjourney 没有办法完美重现我们的体量模型，总会在设计中加入一些“自我发挥”的元素。虽然这些元素在概念阶段可以帮助探索设计的可能性，但是在方案阶段就成了需要解决的问题。

有办法可以更精确控制建筑体量吗?

Is there any way to control the volume of a building more accurately?

为了更精确地操控建筑体量，我们需要使用 Stable Diffusion 以及插件 ControlNet。

1. 测试 Stable Diffusion 效果

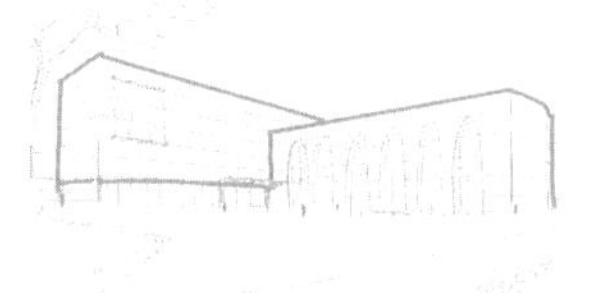

我们仍然从之前的图 4-16 建筑手绘草图开始，第一轮测试我们可以直接在 Stable Diffusion 中使用与 Midjourney 一样的提示词：

Prompt：a photo of modern educational building，photography of building，Capture this image during the golden hour，allowing the warm sunlight to dance on the brick，Canon EOS 5D Mark Ⅳ DSLR camera，EF 24mm f/1.4L Ⅱ USM lens，Resolution 30.4 megapixels，ISO 100，Shutter speed 1/125，wide-angle view，high-sharpness，depth-of-field，ultra-detailed photography

提示词：一张现代教育建筑的照片，在黄金时刻拍摄，让温暖的阳光在砖墙上跳舞。使用佳能 EOS 5D Mark Ⅳ单反相机，EF 24mm f/1.4L Ⅱ USM 镜头，分辨率 3040 万像素，ISO 100，快门速度 1/125，广角视图，高锐度，景深，细节丰富的照片

检查点模型（Checkpoint Model）：dvarchMultiPrompt_dvarchExterior

图 4-22　Stable diffusion 生成的测试稿

2. 深化草图与上色

由于 ControlNet 的使用要求，我们需要更高质量的草图才能获得更好的效果。但是如果项目负责人只提供了简单的草图，我们可以使用 Midjourney 来深化这些简单的草稿，然后将它们传入 Stable Diffusion 进行上色，以获得最佳的效果。比如在这一阶段，我们选用之前生成的图 4-18 多轮迭代后的候选草图

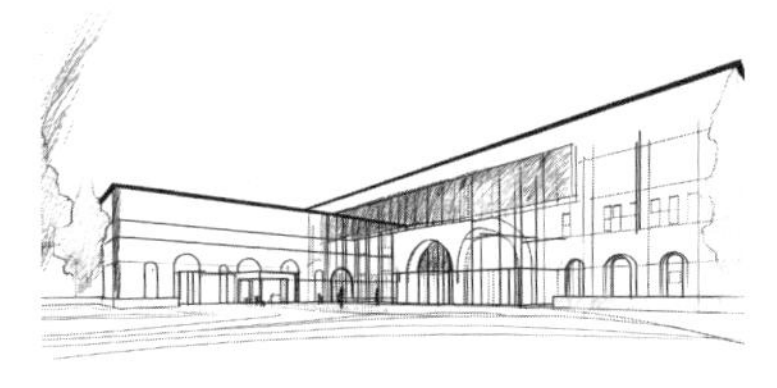

Prompt：a modern style educational building in Princeton University，design by Renzo Piano，for computer science department，with a little Gothic Revival styles，professional architectural visualization，professional architecture photography，captivating exciting lighting，nature，parks，atmospheric lighting，vibrant plaza，dramatic lighting

negative prompt：curvy lines，artifacts，pixelated，blurry，soft，painting，illustration，watercolor，painterly，drawn，hand drawn，sketch

提示词：普林斯顿大学计算机科学系的现代风格教育建筑，由伦佐·皮亚诺设计，融入了一些哥特复兴建筑风格元素。专业建筑可视化，专业建筑摄影，引人入胜和令人兴奋的照明，自然，公园，大气照明，充满活力的广场，戏剧性照明。

LoRA 模型：ModernArchi_v2

检查点模型（Checkpoint Model）：Architecturerealmix

图 4-23　Stable Diffusion 上色的测试稿

3. 切换检查点模型

对于 Stable Diffusion，由于计算资源的限制，无法像 Midjourney 一样在同一个模型中产生完全不同类型的图像。因此，我们需要根据需要选择不同的检查点模型来实现不同的效果。例如，对于商业建筑，我们需要使用专门的商业建筑检查点模型来生成偏向于商业风格的建筑，而建筑周边环境和景观也需要单独的检查点模型。现在，让我们尝试另一个检查点模型看看效果如何。

Prompt：a modern style educational building in Princeton University，brick wall，glass facade，design by Renzo Piano，material is dark red brick and glass，with a little Gothic Revival styles，Capture this image during the golden hour，allowing the warm sunlight to dance on the brick，architecture，(Best quality)，(Best quality)，(realistic)，(exterior view)，photo realistic，(masterpiece)，orante，super detailed，intricate，photo like image quality，Realistic rendering，Best quality

Negative Prompt：cluttered，paintings，(worst quality：2)，(low quality：2)，(normal quality：2)，lowres，signature，blurry，drawing，sketch，poor quality，ugly，text，pixelated，low resolution，outdated design，cloud，cloudy skysignature，soft，blury，drawing.sketch，poor quality，ugly text，type，word，logo，pixelated，low resolution，saturated，high contrast，oversharpened.dirt，lowres，bad anatomy，text，error，extra digit，fewer digits，cropped，worst quality，low quality，normal quality，jpeg artifacts，signature，watermark，username，blurry

提示词：普林斯顿大学的现代风格教育建筑，红砖墙和玻璃幕墙，由伦佐·皮亚诺设计，材料为深红色砖块和玻璃，融入了一些哥特复兴风格元素。在黄金时刻拍摄这张照片，让温暖的阳光在砖墙上跳动，建筑，(最佳质量)，(最佳质量)，(写实)，(外观视图)，照片般的真实感，杰作，华丽，超级详细，复杂，照片般的图像质量，逼真渲染，最佳质量

反向提示词：混乱，绘画，(最差质量：2)，(低质量：2)，(普通质量：2)，低分辨率，签名，模糊，绘图，草图，质量差，丑陋，文本，像素化，低分辨率，过时的设计，云，多云天空签名，柔和，模糊，绘图，草图，质量差，丑陋的文本，类型，字词，标志，像素化，低分辨率，饱和，高对比度，过于锐化，污垢，低分辨率，解剖错误，文本，错误，额外的数字，较少的数字，裁剪，最差质量，低质量，普通质量，JPEG 伪影，签名，水印，用户名，模糊

LoRA 模型：dvarchMultiPrompt_dvarchExterior：0.7

检查点模型（Checkpoint Model）：architecturerealmix_v1repair

图 4-24　Stable Diffusion 切换检查点模型后生成的测试稿

在设计过程中，我们注意到 Stable Diffusion 的训练数据有限，一旦提示词没有包含在训练模型中，Stable Diffusion 就会忽略这些内容。例如，我们重新选择了图 4-17 1 的草图进行上色测试，发现尽管在提示词中包含了“哥特复兴建筑风格”，但并没有呈现该元素。

图 4-25　更换草图后 Stable Diffusion 上色的测试稿
包含“哥特复兴建筑风格”提示词，但并没有呈现哥特复兴建筑的元素

有没有办法根据个性化的设计需求丰富 Stable Diffusion 的训练数据?

Is there any way to enrich the training data of Stable Diffusion according to individualized design needs?

我们可以通过单独训练 LoRA 模型来让 AI 更好地理解我们所提供的提示词，例如哥特复兴建筑风格。具体的 LoRA 训练步骤相对复杂，请扫描下方二维码查看详细教程。

通过对比加载经过 LoRA 训练的模型和未加载 LoRA 训练的模型，我们看到这个过程可以为设计添加所需的特定细节。我们以下面提示词为例。

Prompt:(Best quality),(masterpiece),(realistic), gothic revival, an gothic, modern educational building inside university. enhancing its architectural features with a touch of whimsy. Utilize soft and diffused lighting to create a cozy and inviting atmosphere. As the artist, employ a contemporary and architectural style that showcases the building's design elements. Utilize 3D modeling and visualization techniques to craft a captivating and immersive scene.

提示词:(最佳质量),(杰作),(逼真)，哥特复兴，哥特式，现代大学内的教育建筑。为其建筑特色增加一些奇思妙想。利用柔和的散射照明来营造舒适宜人的氛围。作为艺术家，采用现代建筑风格来展示建筑的设计元素。运用 3D 建模和可视化技术来打造一个引人入胜和身临其境的场景。

检查点模型(Checkpoint): architecturerealmix_v1repair

未加载自训练 LoRA 模型的效果：

图 4-26　未加载 LoRA 模型生成的图像

加载自训练 LoRA 模型（GothicRevivalV1：1）的效果：

图 4-27　加载 LoRA 模型生成的图像

通过上述对比，我们可以看到在相同的检查点模型和相同的提示词下，加载了 LoRA 模型后，建筑呈现出了砖石材质的立面、拱形门等哥特复兴建筑风格元素，甚至教堂风格的整体造型。这展示了 LoRA 模型对于设计的精细操控和指定风格的生成能力。

现阶段，在建筑设计中使用 AI 工具究竟意味着什么？

At this stage, what does it really mean to use AI tools in architectural design?

AI 工具极大地提高了工作效率，让我们能够迅速进行头脑风暴和设计测试。ChatGPT 和 Midjourney 让我们能够快速展开头脑风暴，同时 AI 嵌入的会议软件可以协助生成会议记录，总结会议结果，从而使设计师们能够专注于深入讨论设计问题。此外，Stable Diffusion 还可以助力我们进行设计调整，快速生成效果图，为概念与方案设计提供支持。

掌握这些 AI 工具的建筑师将会有更广阔的前景。

然而，我们也认识到，在建筑设计领域，仍然需要建筑师的不可或缺的专业智慧，尤其是在概念草图设计、建筑体量调整以及与客户沟通方面。尽管当前的 AI 工具可以根据人类输入草图和提示词等内容生成设计，但它们仍然需要建筑师的经验来进行引导。内部布局、权衡不同使用者需求的优先级、结构与造价以及与周围城市建筑的关系等复杂因素的建筑体量调整，超出了现有模型能够胜任的范围。因此，建筑师的参与仍然至关重要。更重要的是，建筑师可以与客户沟通，协助客户分析不同选项的优劣，这在 AIGC 参与的设计中相当关键。尽管生成不同的设计选项已经变得轻而易举，但如何从众多的候选方案中选择出最合适的设计，却变成了一个令人兴奋的挑战。我们需要将有关场地、结构和运营等各个方面的专业知识融入设计决策中。因此，建筑师和客户都应保持自己的社会价值观，以避免在众多的选择中迷失方向。

此外，需要注意的是学习 AI 工具的过程可能较为曲折，即使 AIGC 在效果图生成领域表现卓越，生成高质量的效果图仍需投入相当多的学习时间和资源。选择合适的检查点模型和训练适用的 LoRA 模型同样需要大量的时间和精力。然而，这些时间和精力投资可以在未来的项目中充分重复利用，特别是在那些标准化程度较高的项目中，一组合适的检查点模型和 LoRA 模型将成为设计公司极为宝贵的知识资产。

CHAPTER 5

AI 与 室内设计实战

以展览概念店室内设计为例

AI and Interior Design Practice

An Example of Interior Design for an Exhibition Concept Shop

AI，你好。

客户要求我在一个多月内做一个全新的展览概念店。然而，这个过程充满不确定因素，包括合同谈判、采购、多方供应商协调和实际工程的执行，这些都会消耗大量时间。此外，我还需要投入时间来满足客户的特殊需求和喜好。

如果我们依循传统的室内设计流程一步一步来进行推敲，时间有些来不及，现在我们结合 AI 工具一起做一个场所设计吧！

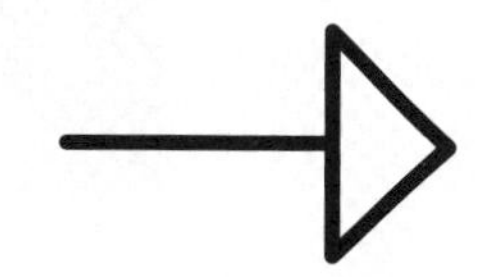

在不建模情况下，AI 工具可以把现场照片还原到干净的空间状态吗？

Can AI tools restore site photos to a clean spatial state without modeling?

我们可以借助强大的工具 Stable Diffusion 来处理这个问题！它能够精确控制空间关系，固定顶棚、墙壁、地板、窗户等元素，以确保最终呈现的效果与实际空间相符。当我们进入 Stable Diffusion 后，可以使用 ControlNet 来控制空间的关系，操作步骤如下。

1 下拉到 ControlNet 板块，初始默认选择的是 ControlNet Unit 0。

2 将场地实景拍摄图拖放到图片框内。

3 勾选“启用”、“Pixel Perfect”（完美像素模式），以及“Allow Preview”（允许预览）。

4 勾选“Canny”（边缘识别工具）或“Lineart”（线稿识别工具），帮助准确捕捉空间中的线条关系（下面以选择“Canny”为例）。

5 勾选与“Canny”相关的预处理器和模型。

6 Control Mode（控制模式）可以选择倾向于让 ControlNet 自由发挥，勾选“ControlNet is more important”（ControlNet 更重要），这样能更精准地掌握空间关系，而不受到提示词的影响。

7 点击“💥”（爆炸）图标，这样就成功导入了。

图 5-1　场地实景拍摄图

最终获得了以下两种较为合适的结果。这种方法可以帮助我们更好地处理空间关系，确保建筑效果图与实际空间一致。

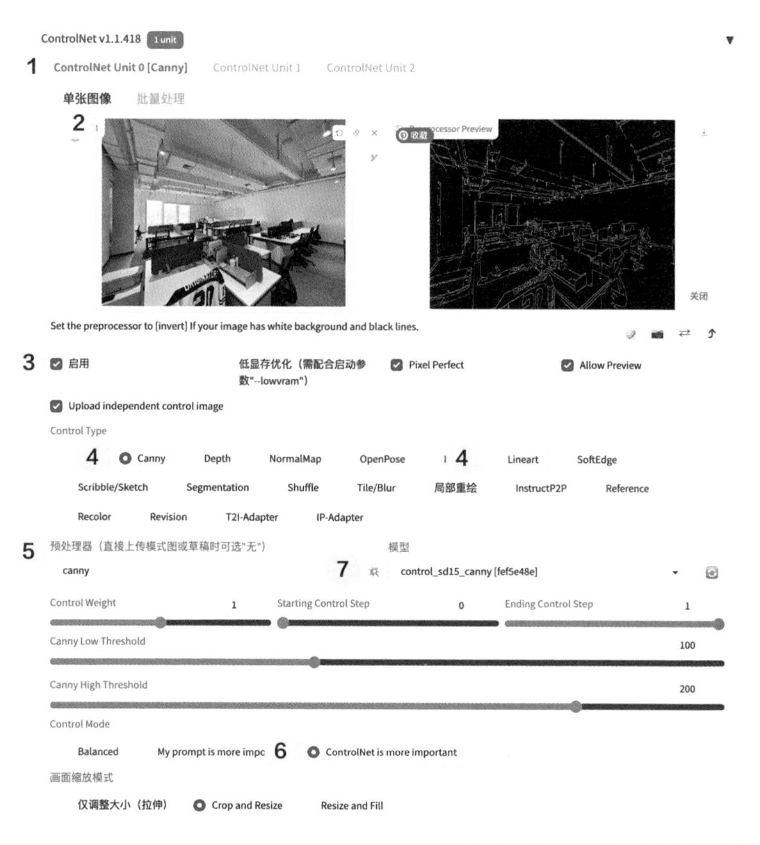

图 5-2　ControlNet Unit 0 界面

图 5-3　ControlNet 处理后的图片

有办法把空间还原成“毛坯房”吗?

Is there any way to reduce the space to a “rough room”?

在当前阶段，AI 工具可以实现风格转化，但对于智能识别和消除物体来说可能较为复杂，我们可以采用一种简单的手动方法——语义分割（Segmentation）——来处理这个问题。可以将图片导入到 Photoshop 中，使用大面积的色块来标记地板、墙壁的透视和空间关系，这样就无需担心那些难以清除的桌椅等杂物了！这将使处理过程更加轻松和高效。

在本项目中，既没有事先创建的 3D 模型，且现有的空间照片已存在，因此最好选择使用 Photoshop 手动进行分割。需要注意的是，尽管下图的颜色可能与语义分割图表有所不同，但这是手动输入 RGB 数值的结果。在操作中，请不要使用吸色功能，而是直接使用精确的 RGB 数值，以便计算机能够正确识别。

为了更准确地与实际空间相匹配，我们考虑使用双重 ControlNet。在 ControlNet 中第一重使用“Canny”的基础上，再添加一重“Segmentation”（语义分割），加强对空间深度或特定元素（如门、窗、墙壁、顶棚等）的定位关系。这可以更精确地还原空间的关系。操作步骤如下。

1 在第一重 ControlNet 的基础上，选择 ControlNet Unit 1，这将进入第二重的 ControlNet 控制界面。
2 将场景色块图拖放到图片框内。
3 勾选“启用”“Pixel Perfect”（完美像素模式），以及“Allow Preview”（允许预览）。
4 勾选“Segmentation”，帮助精确还原空间关系。
5 勾选与“Segmentation”相关的预处理器，模型选择“None”（无）。
6 Control Mode（控制模式）可以选择倾向于让 ControlNet 自由发挥，勾选“ControlNet is more important”（ControlNet 更重要），这样能更精准地掌握空间关系，而不受到提示词的影响。
7 点击“💥”（爆炸）图标，这样就成功导入了。

图 5-4　使用 Photoshop 大面积选取地板

图 5-5　按照语义分割要求分开的场景色块图

图 5-6　ControlNet Unit 1 界面

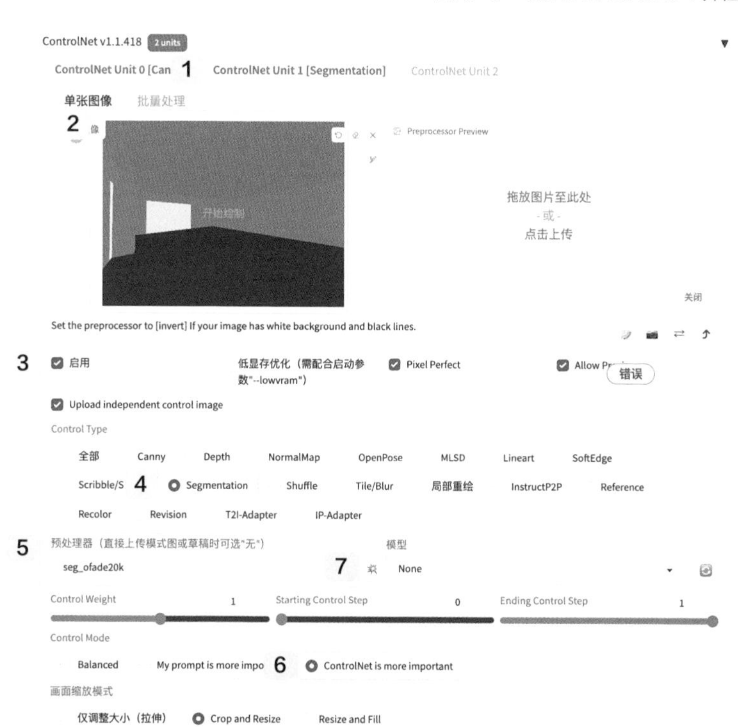

那什么是语义分割？为了让 AI 更好地理解空间关系，我们使用语义分割这一概念。语义分割按照预定规则定义了建筑空间中所有可能的元素，通过 RGB 色块来表示这些元素。这将有助于 AI 更准确地理解空间的结构和元素，语义分割对应 RGB 数值表可参照附录。要进行建筑元素的语义分割，我们有两种方法可选：

方法 1. 直接在 3D 建模软件中导入已创建的语义分割模板，并根据相应的建筑元素进行建模和着色。在互联网上已经有针对不同建模软件的语义分割模板可供使用。

方法 2. 后期使用 Photoshop 手动进行分割，对建筑元素手动着色。

随后，使用 Civitai 平台已有的 LoRA 模板，这个平台包含了大量优秀的建筑室内空间 LoRA 模板，可以根据个人喜好进行选择。然后，输入相应的提示词和反向提示词进行测试和生成图像，获得“毛坯房”效果。

图 5-7　成功转变为干净空间的“毛坯房”效果

如何把“毛坯房”改成想要的样子?

How to change a “rough room” into what we want?

我们需要控制那些不应该改变的元素，如顶棚、窗户等，然后重新绘制其他部分以实现创意改造。这样可以在尽量保持原始空间关系的前提下，释放创造力来改造空间。我们可以使用“Segment Anything”插件来实现这一目标，操作步骤如下。

1 安装好插件后，找到“SAM”区域，将准备好的“毛坯房”效果图片拖入其中。点击鼠标左键出现黑色圆点来标记那些不希望改变的区域，也可以点击鼠标右键出现红色圆点来强调需要重新绘制的区域。通过这种方式创建标记，将那些不应该改变的部分固定住。

2 在 Choose your favorite mask（选择最佳标记）中，选择与理想最接近的用于固定不改变的部分的标记图。同时，务必勾选“Copy to Inpaint Upload & img2img ControlNet Inpainting”（发送至重绘）这个选项！然后，选择“Inpaint not masked”（重绘不被标记的区域），并在区域选择中选中“Only Masked”（仅标记区）。这些步骤将有助于确保只重新绘制标记之外的区域。

图 5-8　Segmentation Anything 的标记界面

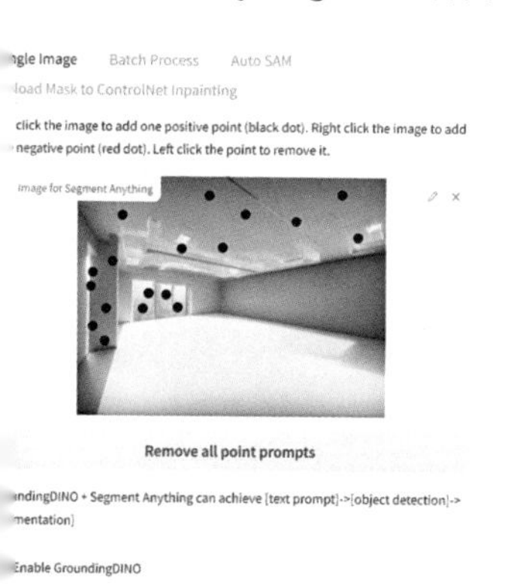

图 5-9　利用 Segmentation Anything 配合局部重绘的界面

现在已经成功固定了不想改变的空间元素！接下来，一种方式是选择一个喜欢的 LoRA 或检查点模型，并提供提示词和反向提示词，就可以生成效果图了。如果对提示词的选择感到困惑，可以寻找一张理想的参考图，使用 CLIP 功能反推相关提示词，然后使用这些提示词来生成理想的效果图。这将有助于更容易获得所期望的设计效果。

另一种方法是尝试使用 ControlNet 的 Reference（参考）功能，学习参考图的风格，然后将其应用到现有的空间上以获得相似的效果，如下图。

图 5-10　使用 Reference 出的适配空间效果图

有没有天马行空地发挥创意的办法？

Is there any way to be more creative?

由于不同模型的适配性不同，Stable Diffusion 在处理展陈空间等缺乏同质性属性的空间时存在一定限制，这些空间往往难以通过算法捕捉，例如家居空间中常见的家具和地板材质等共同特征。相较之下，Midjourney 在处理这类空间时表现更出色。如果在项目的早期概念阶段，对于设计空间和实际空间的匹配度要求不是很高，那么完全可以采用更便捷的方法。

在初步提炼出空间的基本特点后，直接在 Midjourney 中发挥创意，这可能会带来出人意料的启发。这些初期测试的成果对于我们来说非常宝贵，因为它们可以作为获取客户或决策者反馈的有力工具，帮助我们更好地了解他们的兴趣和关注点。这有助于避免设计师常常面临的痛苦斗争，使我们能够更迅速地产出一份满意的设计稿。

例如对于刚刚研究的这个空间，我们期望生成的图像能够准确地保留以下空间特征：

1. 层高较低，转成 Midjourney 的提示词是“low ceiling”（低矮的顶棚）。
2. 有方形柱子，转成 Midjourney 的提示词是“square columns”（方柱）。
3. 希望保持空间的开放性，这有助于营造宽敞感，转成 Midjourney 的提示词是“open space”（开放空间）。

此外，我们可以进一步明确可以更好定义这个空间特性的提示词：

1. 由于这是一个偏向互动展览的概念店，我们可以添加一些提示词，如“展览设计”“博物馆设计”“概念店”等，以突出其未来感和高科技属性。因此选择了“futuristic exhibition design”（未来派展览设计）和“interactive displays”（互动展示）。
2. 为了增添更多细节和精致感，通常使用词汇“insane details”（极致的细节），让结果显得更精致和高品质。

除了刚刚提到的空间限定词，还需要加上什么？

In addition to the space qualifiers just mentioned, what else do we need to add?

可以延续建筑设计通用的 Midjourney 提示词方法，再次呼唤我们的建筑提示词方程式来参考一下：

[建筑形式 + 主体] [设计风格] + [建筑师名字] [材料] [颜色] [其它细节] + [环境 + 天气 / 光效] [表现形式] + [其它参数]

1 视角常用提示词

Top-View	俯视图
Side-View	侧视图
Aerial View	鸟瞰图
Closeup-View	特写视图
Perspective	透视图
Explode Diagram	爆炸分析图

First-Person View	第一人称视图
Third-Person View	第三人称视图
Two-Point Perspective	两点透视图
Exploded-View	爆炸图
Isometric	等轴测图
Axonometric	轴测图

2 相机或镜头常用提示词

相机	GoPro、Polaroid（宝丽来）、Canon（佳能）、Nikon（尼康）、FUJI FILM（富士胶片）
胶片	8mm、16mm、35mm
镜头	16mm lens、50mm lens
相机设置	Long exposure（长曝光）、Double exposure（双重曝光）
景深和焦点	Deep focus vs. shallow focus（深焦点与浅焦点）、Out of focus（失焦）

3 灯光常用提示词

Main light source（主光源）	通常位于拍摄对象前方或侧方，用于照亮主体并确定总体亮度和阴影级别，通常是最亮的光
Fill light（补光）	用于填补由主光源形成的阴影，以调整深度获得更均匀的照明。通常较暗，以避免过度曝光
Background light（背景光）	位于拍摄对象背后，将其与背景分离并创建轮廓，增加深度和清晰度
Ambient lighting（环境照明）	包括自然光源、室内照明、阳光和路灯等，有助于突出主体的表面细节，达到更自然和真实的效果
Special lighting（特殊照明）	添加以创造特定氛围或效果的照明，如蜡烛光或霓虹灯。用于探索艺术想象力和创造力，营造独特的光影氛围

另外还有以下几种灯光类型

Spotlight	聚光灯
Backlight	背光
Floodlight	泛光灯
Natural Light	自然光
Northern Light	北极光
Dim Light	昏暗光

Direct Sunlight	直射阳光
Volumetric Lighting	体积照明
Low-key Lighting	低角度光
Global Illumination	全局光
Ray Traced Shadows	光线追踪阴影
Cinema Lighting	电影感照明

4 渲染效果常用提示词

渲染引擎 / 建模软件	Octane Render、Corona Renderer、Blender、3Ds Max、Unreal Engine
绘图媒介 / 表现方式	Architecture sketch（建筑素描）、Isometric Illustration（轴测图）、Flat Illustration（平面插图）、Watercolor Architecture（水彩建筑）、Ink Render（水墨渲染）、Japanese Comics（日本漫画）、Concept Art（概念艺术）、Digital Painting（数字绘画）、Plastic Raw Model（塑料原型）

下面，我们尝试以不同的建筑师风格来演绎这个概念店：

1. 妹岛和世与西泽立卫

SANAA 建筑事务所　SANAA Architects

干净、现代主义元素、柔和反光材料、轻盈和流动感

图 5-11　SANAA 建筑事务所风格效果图

2. 隈研吾

隈研吾建筑都市设计事务所　Kengo Kuma and Associates

对天然材料的创新使用，传统技术与现代设计原则相结合，创造出与环境和谐共存的结构

图 5-12　隈研吾风格效果图

3. 结合前两者的效果

纯白结构、木质家具、功用主义流线、干净、现代主义、轻盈感

图 5-13　SANAA 建筑事务所与隈研吾融合的风格效果图

4. 伦佐・皮亚诺

伦佐・皮亚诺建筑工作室　Renzo Piano Building Workshop

高科技设计与轻盈透明的元素相结合，创造出既先锋又与周围环境和谐的结构

图 5-14　伦佐・皮亚诺风格效果图

5. 让 · 努韦尔　Jean Nouvel

让 · 努韦尔事务所　Ateliers Jean Nouvel

每个设计都呼应其独特的环境和文化背景，使用光影来创造戏剧化效果

图 5-15　让 · 努韦尔风格效果图

6. 诺曼 · 福斯特　Norman Foster

福斯特建筑事务所　Foster + Partners

高科技设计手法，结合现代材料和再生技术，创造出时尚、未来主义的结构

图 5-16　诺曼 · 福斯特风格效果图

7. 托马斯 · 赫斯维克 Thomas Heatherwick

赫斯维克工作室 Heatherwick Studio

建筑和雕塑的独特融合，通常产生的结构既是艺术作品，又是功能性建筑

图 5-17 托马斯 · 赫斯维克风格效果图

8. 比亚克 · 英格尔斯 Bjarke Ingels

B.I.G 建筑事务所 Bjarke Ingels Group

有趣灵动且实用主义，将可持续设计原则融入挑战建筑惯例的结构中

图 5-18 B.I.G 建筑事务所风格效果图

9. 雷姆·库哈斯 Rem Koolhaas

大都会建筑事务所 OMA Architecture

大胆、反传统的设计，这些设计经常挑战传统空间和功能的概念

图 5-19 雷姆·库哈斯风格效果图

不同的建筑师风格为相同的低层开放空间赋予了完全不同的空间情感和氛围，这为我们提供了坚实的创作基础，可用于与客户或利益相关者进行沟通，以便了解他们关注的要点和方向。这也可用于与采购方和工程方的讨论，以评估可行性。

在室内设计中，AI 工具究竟带来了什么？

What does it really mean to use AI tools in interior design?

AI 工具在室内设计的初期阶段能够极大地提升设计师的效率。可以将复杂的室内环境还原成一个干净的“毛坯空间”状态，然后在此基础上尝试不同的风格化改变。这些工具充当了设计师与客户或利益相关者之间的桥梁，通过快速迭代，帮助设计师更好地理解客户或利益相关者的意图，从而降低沟通成本，使设计更专注于创意本身。

设计师不再需要反复进行 3D 建模，而可以在早期阶段准确把握场地的空间特性，快速测试不同风格以满足需求，更好地把握对方的关键需求。这为设计师提供了坚实的基础，使其能够在传统的建模、制图等后续流程中更高效地工作。

当前的 AI 工具主要通过降低沟通成本来提升室内设计流程的效率，允许设计师通过大量快速试错来避免后期的重复修改，为他们留出更多的思考和创作空间。

CHAPTER 6

AI与体验设计实战

以“三体”沉浸式体验空间设计为例

AI and Experience Design Practice

An Example of the Design of
Three-Body Immersive
Experience Space

AI，你好。

随着社交和娱乐需求的不断增长，非传统的体验空间变得值得探索。戏剧空间、展览空间、商业空间、公共艺术空间、主题公园、教育空间，乃至虚拟空间等等，都在建筑和室内设计的基础上，通过叙事和互动体验的探索，展现出了建筑师未来可以攻略的新方向。

假设以中国科幻界顶尖作家刘慈欣的《三体》为空间创作的灵感来源，那么 AI 将如何辅助设计师创造新奇的体验空间呢?

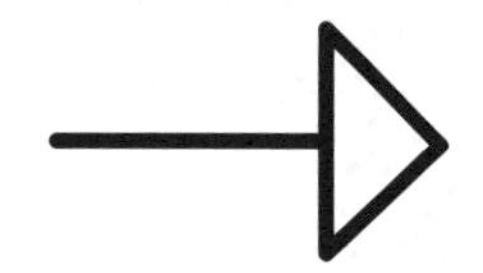

《三体》系列中，哪 10 个场景最适合进行视觉化呈现？

Which ten scenes in the "The Three-Body Problem" series are most suitable for visualisation?

Q29

以下是整理的一些《三体》系列中值得视觉化呈现的场景，它们都具有独特的视觉元素和深刻的叙事质地，非常适合扩展为概念场景。

1 **汪淼的纳米科技实验室** 汪淼的纳米科技实验室汇集了最尖端的科技设备，为展示未来科技提供了绝佳机会。

2 **红岸基地** 叶文洁在红岸基地的经历对于故事发展至关重要。这个偏远而神秘的基地装备了庞大的卫星天线、大型射电望远镜、高性能计算机等一系列高科技设备。而其所处的荒芜山区环境更加强化了它的神秘和紧张氛围。

3 **三体游戏** 汪淼第一次进入“三体”VR 游戏的情境充满了奇幻的元素。在这个虚拟世界中，太阳的轨迹变幻莫测，文明在短短几分钟内兴衰交替，而他也与各式各样的历史人物相遇。游戏中的环境变化迅速，充满了混乱和变动，这正是小说中最引人注目的视觉特征部分。

4 **三体人的脱水与浸泡** 游戏中三体人经历的脱水和浸泡过程呈现出极富视觉冲击的景象。建筑物和三体人被脱水成薄薄的平板，并被妥善保管，然后在环境安全时再次浸泡复原。

5 **质子的低维展开** 质子在汪淼和史强面前展开到二维的壮观瞬间，有潜力成为一个难忘的电影场景。

6 **智子的出现** 智子，这个由质子创造出的超级智能 AI，以日本女性的形象呈现，向人类传达神秘信息。她的外貌、体型以及与环境互动方式将为可视化内容带来引人入胜的元素。

7 **量子通讯** 可将量子通讯视觉化为一个空灵而闪烁不定的光网络，象征着跨越巨大距离的粒子之间的即时连接。

8 **四维空间的入口** 穿越入口后，人们可以窥见其他维度的片段。这可以表现为空间的扭曲，也可以是奇特的几何形态，又或者是纯粹能量的领域。

9 **地球三体组织的会议** 一场秘密会议在深邃的、黑暗的森林中进行，夜幕笼罩下，充满了引人入胜的戏剧性元素。森林的氛围为这次会议增添了神秘感。

10 **末日战役** 小小的三体探测器水滴摧毁了庞大的人类舰队，燃烧的星舰映亮了整个星系，呈现出令人震撼的场景。

可以用视觉化的语言详细描述一下“三体游戏”场景吗？

Can you describe the scene “The Three-Body Game” in detail in visualisation language?

Q30

在这个场景中，历史名人站在宏伟的金字塔前，观察人列计算机，呈现了一个令人震撼的视觉图景。

在广袤无垠的外星平原，它的地面呈现灰白与锈红色的交融，直至天边消失在遥远的地平线上。在这片荒凉的大地上，有一座宏伟而神秘的金字塔耸立在那里。它的结构复杂而精妙，表面闪闪发光，宛如用纯金铸造。金字塔的表面反射着头顶变幻无常的三个太阳的耀眼光芒，形成了震撼心灵的光影。

在这金字塔的底部，有一群历史名人，包括秦始皇，他们的存在宛如穿越了时空的幽灵，穿着各自时代的服装，在这异星的环境中显得格外突兀。秦始皇的身影尤为显眼，他身披华丽的龙袍，头戴金色的冠冕，威仪非凡。

这些历史人物不仅仅是静态的观察者，他们成为这震撼场景的参与者。他们正聚精会神地观察着前方的人列计算机。这是由三千万个士兵组成的巨型计算阵列，每个人都被精确地定位，形成了一个可活动的、呼吸的计算机网络。人列计算机的每一个动作都是精确无误、毫不犹豫的，展现了超越人类的计算能力和逻辑运算。

在这震撼的场景中，光与影的交织呈现了戏剧性的效果。三个太阳不可预知的运动为这神秘而荒凉的场景增添了更多的戏剧性和神秘感。它们的光芒穿透金色的塔，为这个异星世界的平原投下了长长的、变化无常的阴影，形成了一个让人陶醉的视觉奇观。

这一场景不仅仅是一次视觉盛宴，它也是一次对历史与未来的深刻反思。历史人物的聚集，金字塔的壮丽，以及人列计算机的精密协调，共同构建了一个超越时空的视觉奇迹，为人类与外星文明之间的交汇提供了一个深刻而多层次的视角。

哪些科幻视觉风格和艺术家作品可能与《三体》故事相配？

What sci-fi visual styles and artists' works might be compatible with the story of "The Three-Body Problem"?

科幻视觉风格和艺术家作品可以为《三体》的视觉呈现提供丰富的灵感。以下是一些可能适合的科幻风格和艺术家：

科幻视觉风格

1. Cyberpunk 赛博朋克

Prompt：Neon，Megacities，High-tech，Low-life，Dystopian，Asian influences，Noir，Augmentation，Futuristic，Grimy，Multilayered，Graffiti，Rain，Holography

提示词：霓虹，超级城市，高科技，底层生活，反乌托邦，亚洲影响，黑色电影，增强现实，未来主义，灰暗，多层次，涂鸦，雨，全息技术

2. Biopunk 生物朋克

Prompt：Organic，Genetic manipulation，Synthetic biology，Bio-luminescence，Post-human，Mutations，Body modifications，Hybrid organisms，Lab-grown

提示词：有机，基因操作，合成生物学，发光生物，后人类，突变，身体改造，杂交生物，实验室培育

3. Solarpunk 太阳能朋克

Prompt：Renewable energy，Sustainability，Bright，Green-tech，Vertical farms，Nature，Future-ecology，Vibrant，Eco-cities，Bioengineering，Harmony

提示词：可再生能源，可持续性，光明，绿色科技，垂直农场，自然，未来生态，充满活力，生态城市，生物工程，和谐

4. Steampunk 蒸汽朋克

Prompt: Steam-powered, Victorian, Brass, Gears, Retro-futuristic, Industrial revolution, Analog, Clockwork, Airships, Goggles, Corsets

提示词：蒸汽动力，维多利亚时代，黄铜，齿轮，复古未来主义，工业革命，模拟技术，发条，飞艇，护目镜，束腰

5. Afrofuturism 非洲未来主义

Prompt: African culture, Technological innovation, Afro-centric, Futurism, Extraterrestrial, African diaspora, Mythology, Spirituality, Symbolic

提示词：非洲文化，技术创新，以非洲为中心，未来主义，外星生物，非洲移民社群，神话，灵性，象征性

6. Post-apocalyptic 后启示录

Prompt: Ruins, Survival, Wastelands, Decay, Dystopian, Desolate, Barren, Scavenged technology, Radioactive, Derelict, Post-civilization

提示词：废墟，生存，废土，衰败，反乌托邦，荒凉，贫瘠，废旧技术，放射性，废弃物，后文明

7. Retro-futurism 复古未来主义

Prompt: Mid-century modern design, Space-age, Atomic-age, Jetsons-style, Optimistic, Populuxe, Googie, Art Deco, Tomorrowland, Vintage, Sleek

提示词：中世纪现代设计，太空时代，原子时代，杰森式风格，乐观，庸俗奢侈的，古奇建筑风格，装饰艺术，明日世界，复古，时尚

8. Techno-orientalism 科技东方主义

Prompt: East Asian aesthetics, High-tech, Neon, Futuristic, Metropolis, Traditional elements, Digital, Asian motifs, Blade Runner-esque

提示词：东亚美学，高科技，霓虹，未来主义，大都市，传统元素，数字化，亚洲图案，银翼杀手风格

9. Neo-noir 新黑色

Prompt: High contrast, Neon, Moody, Mysterious, Stylish, Urban, Futuristic, Sleek, Shadows, Rain-soaked streets, Tech-noir

提示词：高对比度，霓虹，情绪化，神秘，时尚，城市，未来主义，时髦，阴影，雨淋湿的街道，黑色科技

10. Transhumanism 超人类主义

Prompt: Augmentation, Post-human, Artificial intelligence, Robotics, Futuristic, Synthetic, Cyborgs, AI ethics, Advanced prosthetics, Neural networks

提示词：增强现实，后人类，人工智能，机器人，未来主义，合成，半机械人，AI 伦理，高级义肢，神经网络

以上这些风格可以相互混搭，创造更独特和视觉震撼的美学！每一个科幻子流派和风格下分别补充了一些形容词，作为提示词在文生图时使用。

契合《三体》的视觉艺术家及经典作品

1. 科尔 · 普赖斯 Col Price

作为自由概念设计师，他擅长创作引人注目的环境场景，尤其是未来城市景观，参考作品包括他的《未来之城》（*Future City*）和《外星超级结构》（*Alien Megastructures*）系列。

2. 史蒂夫 · 伯格 Steve Burg

他以设计外星环境和生物而著称，非常适合创作三体人和智子，他在《普罗米修斯》（*Prometheus*）和《火星救援》（*The Martian*）中的作品可以作为参考。

3. 尼尔 · 布莱文斯 Neil Blevins

以富有想象力的机器人和外星设计而著称，他的作品可能对创作三体人的超先进技术形象非常有参考价值，他的科幻概念和《Inc 的故事》（*The Story of Inc*）系列可以提供灵感。

4. 亚历克斯 · 里斯 Alex Ries

专门设计真实外星生命形式的艺术家，他的 Birrin 物种构想可能会带来如何将三体人视觉化的启迪。

5. 保罗·查迪森　Paul Chadeisson

以反乌托邦和未来主义城市场景设计而著称，他的风格非常适合描述先进的地球文明，可参考他的《银翼杀手 2049》（*Blade Runner 2049*）和《电气状态》（*Electric State*）概念艺术。

6. 希利安·恩格　Kilian Eng

他的作品展示了充满奇异建筑的异世界景观，非常适合代表三体星系世界的创造。他的《其他世界》（*Other Worlds*）插画系列可能尤其相关。

7. 雅尼克·杜西奥尔特　Yanick Dusseault

他的科幻景观作品适合展示多维宇宙的概念，他为《星球大战》（*Star Wars*）做的一些作品可以作为参考。

8. 斯巴特（尼古拉·布维耶）　Sparth（Nicolas Bouvier）

作为《光环》（*Halo*）视频游戏系列的艺术总监，他的宏伟且富有氛围的科幻景观可能是小说中宇宙星河视觉的参考对象，他为《光环 5：守护者》（*Halo 5: Guardians*）创作的艺术作品可以作为参考。

9. 约翰·哈里斯　John Harris

他的大规模、有氛围的科幻景观画作可能非常适合《三体》的宏大范围，他的作品《质量：建造超光速 1 号》（*Mass: The Building of FTL1*）特别鼓舞人心。

10. 阿什·索普　Ash Thorp

以在电影《攻壳机动队》（*Ghost in the Shell*）和《安德的游戏》（*Ender's Game*）中工作而著称，他的未来主义设计可能有助于创造先进的地球技术形象，他的《项目 2501》（*Project 2501*）可以作为一个特别的参考。

从推荐的这些艺术家风格中可以进行挑选，进一步探索有没有值得借鉴的思路和元素。

如何转换为 AI 能理解的提示词？

How to translate the information into prompts that AI can understand?

常用方法有以下两种：

1 可以通过安装 ChatGPT 中的 Photorealistic 插件生成提示词。

2 如果需要训练专属的提示词生成助手，可以和 ChatGPT 开启一个新的对话，把文生图工具使用方式和提示词心得的相关指令发送给 ChatGPT，获得“提示词生成器模式”。具体“提示词生成器模式”的训练指令参考可以扫描下方二维码获取。

回到创作“三体游戏”这一主题，可以把之前梳理的秦始皇在人列计算机前的恢宏场景描述发送给新开的“提示词生成器模式”对话频道。把这段对于每个指定描述的场景，会给出 3 种不同的描述方式，场景描述内容拆解成了如下的提示词。

Prompt 1

The scene of Qin Shi Huang standing calm amidst the violent shifts of the three-sun environment, his royal figure casting long, multiple shadows across the cracked alien terrain.

提示词 1

秦始皇在三日轮转的剧变环境中遗世独立，他的帝王身影在裂纹犹存的异域地形上投下长长的多重影子。

Prompt 2

The dramatic moment when one of the suns grows monstrously large in the sky, causing the solid ground to ripple and liquefy, reflected in the emperor's widened eyes.

提示词 2

当天空中的一颗太阳戏剧性变得巨大时，坚实的地面开始涌动液化，这一切都映射在始皇帝瞪大的双眼中。

Prompt 3

The sudden transition to a momentary night, with the rapidly cooled and fractured ground creating a crystal-like landscape under the faint starlight, contrasting sharply with Qin Shi Huang's royal robe.

提示词 3

突然过渡到一个短暂的夜晚，迅速冷却破裂的地面在微弱的星光下形成一种像水晶般的景观，与秦始皇的皇袍形成鲜明对比。

如果觉得这些描述有些单薄，丢失了之前翔实描述中很多细节与氛围，可以通过继续和我对话，教我如何更好地生成提示词，比如输入：

[**change**] please be as descriptive as possible. Include all the important keywords for describing the scenery, lighting, angle, character, art style, atmosphere, etc. Also remember that Text 2 Image Tools doesn't understand grammar, and so define them by phrases.

[**改变**] 请尽可能描述得详细。包括描述风景、照明、角度、角色、艺术风格、氛围等所有重要的提示词。还要记得，文生图工具不能理解语法，所以要用短语来定义它们。

更新后：

Prompt 1

Desolate alien plain, ashen grey and rust-red surface, imposing Golden Pyramid, metallic lustre under volatile trio of suns, Qin Shi Huang among historical figures, incongruity in alien setting, observing human computer array.

提示词 1

荒凉的异域平原，灰烬般的灰色和锈红色的表面，庄严的金色金字塔，三日轮转下的金属光泽，秦始皇与其他历史人物一同出现，异域设定中的不协调，观察人列计算机。

Prompt 2

Human computer array，human figures forming complex living pattern，mechanical precision and synchronization，movements reflecting intricate calculations，stark shadows under changing sunlight，interplay of light and shadow，alien landscape.

提示词 2

人列计算机，人类形成复杂的生活模式，机械精确性和同步性，动作反映复杂的计算，变化的阳光下的强烈阴影，光与影的相互作用，异域景观。

Prompt 3

Grand spectacle of historical figures observing alien technology，Golden Pyramid's grandeur against alien landscape，choreographed precision of human computer array，thought-provoking and surreal beauty，play of light and shadow over metallic pyramid and living array，historical figures' uncanny presence in alien world.

提示词 3

历史人物观察异域技术的盛大景观，金色金字塔对比异域景观的宏伟，人列计算机编排的精确性，发人深省和超现实的美，金字塔和生命阵列上的光影游戏，历史人物在异世界的奇异存在。

看上去是不是像是可以直接拿去用到文生图工具的提示词啦？可以再微调一下提示词，加上一些参数的限定，比如为了产生电影般的视觉观感，希望它是 16∶9 的比例或者更长，以及可以加上“full length”（全画幅）的限定。并且可以补充一些更具体的描述性词语。当然，不要忘了科幻视觉风格和艺术家作品的影响，可以加上类似于“Solarpunk”（太阳能朋克）、“by Col Price”（由科尔·普赖斯设计）这样的提示词，进一步限定出图的方向。以及可以增加对于光线和渲染效果的描述，比如“cinematic lighting”（电影感光照）以及“Unreal Engine 5”（虚幻引擎 5）。

图 6-1 “三体游戏”场景生成过程

还有可以继续迭代的方法吗？

Is there any way to continue iterating?

Q33

可以把每次图像生成的过程当作“抽卡”或者“掷骰子”，它具有一定程度的随机性。可以的话多试几次，再去放大比较满意的图片，以及通过“Remix”（微调）功能稍微修改提示词，使图片更接近于想象的样子。另外也可以把比较满意的图片当作基础图，再加上精确的修改指令重新发送给文生图工具再次进行创作。

例如，在下面生成的图中，可能会觉得最后一张图片更具有电影史诗感的光影效果，构图场面也更恢宏。可以放大这张图片，再加上对历史人物秦始皇的描述，以产生主人公站在金字塔前的效果。

如此之后，金字塔式的建筑就成为背景中比较固定的画面了。这时再微调前景的人物，就可以有比较理想的概念场景出现。

图 6-2　三体游戏

如何重现《三体Ⅲ：死神永生》未来宇宙飞船“万有引力”号内部场景？

How to recreate the interior scene of the future spaceship “Gravity” as depicted in “Death’s End”?

Q34

这是“三体”主题的沉浸式科幻体验的设计委托，沉浸式体验为设计师提供了极大的想象空间。

以前可能通过以下步骤进行设计：

1 通读原著，与导演及其他创意团队成员进行深度讨论，以便设想“万有引力”号上的角色和功能空间。

2 广泛搜索线下场地，找到满意的空间后适配设计思想，并探索空间的可能性。

3 研究“空间世界观”，在符合科学设定的基础上，享受探索飞船内部各空间相对关系的过程，调研相关科学知识，思考动力系统、交通系统、重力补足系统等。

4 确定了空间的大致布局后，思考每个空间的特征，可能的有趣装置以及技术结合点，以及它们如何影响体验。

5 结合原著设定和科学调研，想象并设计飞船的整体外观，制定整体飞船美学的系统设定。

6 为每个空间定制空间情绪色彩，如果想更多元化，甚至可以包括其他五感体验，比如特定空间的独特气味。

7 根据空间特征和情绪设定、整体飞船美学风格，结合想象中的装置和技术，在三维空间里设计空间的初稿。

8 接受委托人的意见反馈并进行修改，反复迭代与验证第 7 步的设计。

9 根据设计进行工程分析和造价评估，再次迭代。

10 设计通过评估后，制作最终的精细效果图，进行后期处理，并制作施工图。

11 选择并测试空间和装置的材质，以及其他落地环节的工艺。

尽管 AI 介入了创造的过程，人类的思考和感受仍然是弥足珍贵的。在空间建模的第 7 步和第 8 步的迭代过程中，AI 的辅助可以使效率显著提升。正如“AI 与室内设计实战”中提到的，现在无需从 3D 建模开始，就能直接进入创意思考阶段，并且设计师可以迅速地根据客户的反馈进行调整。

在概念设计阶段可以使用文生图、图生图工具，轻松地将脑海中的空间想象具象化。当设计方向确定后，还可以采用“AI 与室内设计实战”中提及的方法，通过 ControlNet 来控制空间特征，利用 Reference（参考）功能使风格与空间完美匹配。

有了 AI 工具的辅助，如何设计“万有引力”号内部的心理诊疗室？

With the assistance of AI, how to design a psychological treatment room inside the “Gravity”?

先来了解一下心理诊疗室的基本条件。

1. 心理诊疗室功能

在《三体》中，心理诊疗室是心理医生的办公空间，与其说是让人放松的倾诉空间，不如说是有一丝阴森恐怖的“审讯室”。长时间的太空旅行可能会对心理健康产生影响，心理医生会时不时抓着舰员进行心理测试，并提供心理咨询和治疗。一旦发现谁有较为严重的心理疾病会让他直接强制冬眠以防产生严重的困扰。

2. 空间特征可能是完全的对称空间

猩红色的戏剧性散射灯光，轻微的恐惧感与压迫感，消毒水的味道，也可能是《银翼杀手 2049》中的未来大场面感，也让人联想到卡普尔（Anish Kapoor）的有机雕塑《云门》，有轻微反光感的材质。

图 6-3 “三体 · 引力之外”情绪色彩指南

3. 飞船整体美学设定

1 飞船具有纯粹的有机设计，非常不同于硬核科幻电影中常见的复杂机械构成。它更像是 20 世纪 90 年代笨重的 Windows 电脑转型后的苹果电脑那种集成的纯粹美感，它宛如一件一气呵成的雕塑作品，是有机的、完整的，由几何图形自然形成。

图 6-4 “三体・引力之外”早期空间设定

2 它具有圆润而质感的设计，结构流畅，可能是通过贝塞尔曲线或布尔运算这样的参数化设计方式生成的，避免了硬质的边缘和倒角。很多复古概念车的设计以及太空时代（Space Age）风格的家具设计应用了类似的二维或三维曲面，可以作为参考。

3 家具设计既具有未来感的有机流线型，又非常舒适，适应漫长的飞船生活。可能使用有质感的金属或一旦陷进去就很难抽身出来的柔软皮革，更可能是某种参数化设计的材料。

图 6-5 “三体・引力之外”早期家具设定

现在已经能够用自然语言如此熟练地描述空间的特征，并且已经拥有了大量的参考图，完全可以借由 AI 将想象转化为实际的效果图。
使用 Midjourney 的描述功能（/describe）或者 Stable Diffusion 的 CLIP 功能，将情绪色彩指南图输入其中，看看它能够提取出什么有效的提示词。

Prompt 1

a collage of photos that feature red light，in the style of sculptural installations，monochromatic color schemes，dreamlike installations，nuclear art，site-specific installation，grandiose color schemes，tonal approach --ar 16:9

提示词 1

由红色光晕下的照片组成的拼贴画，雕塑装置风格，单色调配色方案，梦幻装置，核艺术，特定场地装置，宏伟的配色方案，色调方法 --ar 16:9

Prompt 2

several pictures of red lights and a hallway，in the style of monochromatic sculptor，light orange and light crimson，dazzling cityscapes，focus on materials，nuclear art，large-scale installations，mysterious atmospheres --ar 16:9

提示词 2

红色灯光和走廊的照片，单色雕塑风格，浅橙色和浅猩红色，夺目的城市风景，注重材料，核艺术，大型装置，神秘的氛围 --ar 16:9

Prompt 3

various pictures of people in red room lighting，in the style of Robert Smithson，monochromatic color schemes，xu bing，atmospheric imagery，light orange and light black，dazzling cityscapes，focus on materials --ar 16:9

提示词 3

在红色房间灯光下的人们，罗伯特·史密森风格，单色调配色方案，徐冰，大气意象，浅橙色和浅黑色，夺目的城市风景，注重材料 --ar 16:9

Prompt 4

red is the new black a series of images showing red light，in the style of post-modernist installation，solarization，immersive environments，Peter Zumthor，light orange and light indigo，reimagined by industrial light and magic，luminous scenes --ar 16:9

提示词 4

红色是兴起的潮流，一系列显示红光的图片，后现代主义装置风格，日晒，沉浸式环境，彼得·卒姆托，浅橙色和浅青黑，由工业光与魔法重新构想，发光场景 --ar 16:9

通过这些提取出的提示词，筛选出高频有效词汇，再加上其他重要的描述词，尤其是之前提到的空间特征。同时也可以选取一些情绪色彩指南中的相关图片作为参考图片，导入文生图工具，并结合提示词生成想象中的空间。

Prompt：cinematic scene of a small psychological clinic on a futuristic spaceship，theatrical，avant-garde interior design，by Anish Kapoor，futuristic and sleek furniture，peter zumthor，in the style of sculptural installations，bulbous，narrow space，theatrical lighting，emotional，dreamlike，mysterious，luminous，aesthetics of "Blade Runner" --ar 16：9 --iw 1.8

提示词：电影般的场景，未来宇宙飞船上的小型心理诊疗室，戏剧性的、前卫的室内设计，由阿尼什·卡普尔设计，未来风格的圆润的家具，彼得·卒姆托的设计风格，球形雕塑装置风格，狭窄的空间，戏剧性的照明，情感化，梦幻，神秘，发光，《银翼杀手》美学 --ar 16：9 --iw 1.8

这些提示词都可以根据喜好和认知而调整，它逐渐会生成一些较为理想的场景效果。

图 6-6　生成的心理诊疗室效果

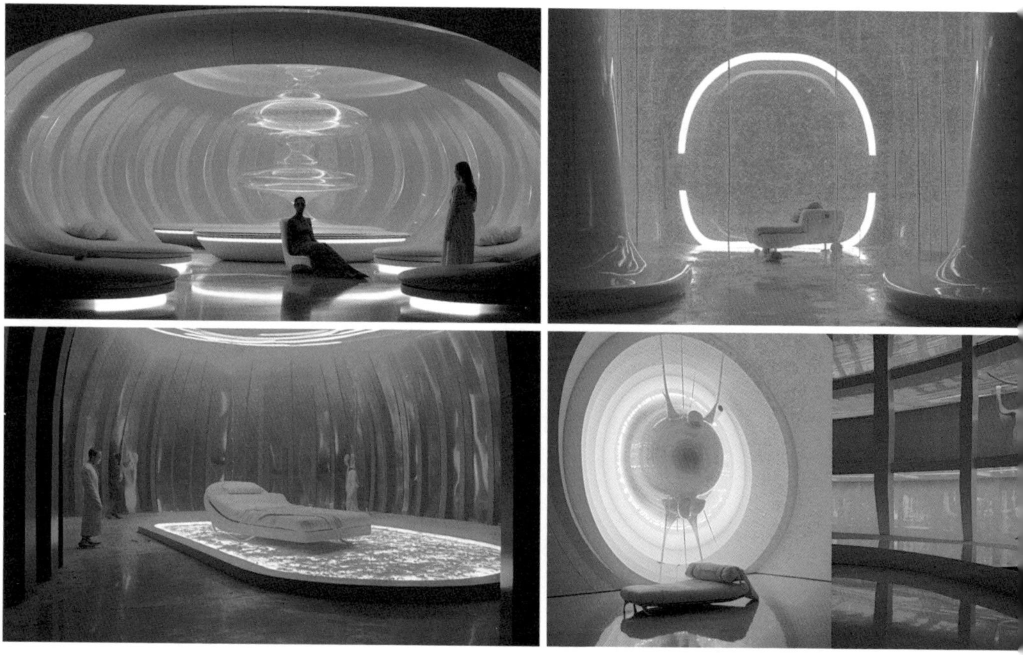

AI 可以再强化，形成整个空间是一只眼睛凝视着观者的感觉吗？

Can AI be re-enforced to create the feeling that the whole space is one eye gazing at the viewers?

Q36

图 6-7　心理诊疗室渲染效果图

图 6-8　心理诊疗室实际现场拍摄图

事实上在还没有 AI 的帮助时，作者的确设计过这个“三体 · 引力之外”心理诊疗室，当时的效果图和实际现场拍摄图如图。AI 工具生成的效果图非常贴近作者当时想象的氛围感，尤其是最后一张图中那个有一些未来生物特征的感觉。

1 既然很喜欢最后一张生成图左半边的样子，可以先不对它进行大幅改动，而是把右半边不相关的区域进行局部重绘，以形成一个完整的空间。可以先裁切大图，只保留左半边，再通过提示词的调整让它延展出宽高比例为 16∶9 的完整空间。测试下来，局部重绘的效果尚可。

2 进一步调整视角，虽然曲线的线条不够流畅，本身已经很像一个合理的心理诊室了。

3 然而截图后重新生成的图片效果更惊艳。

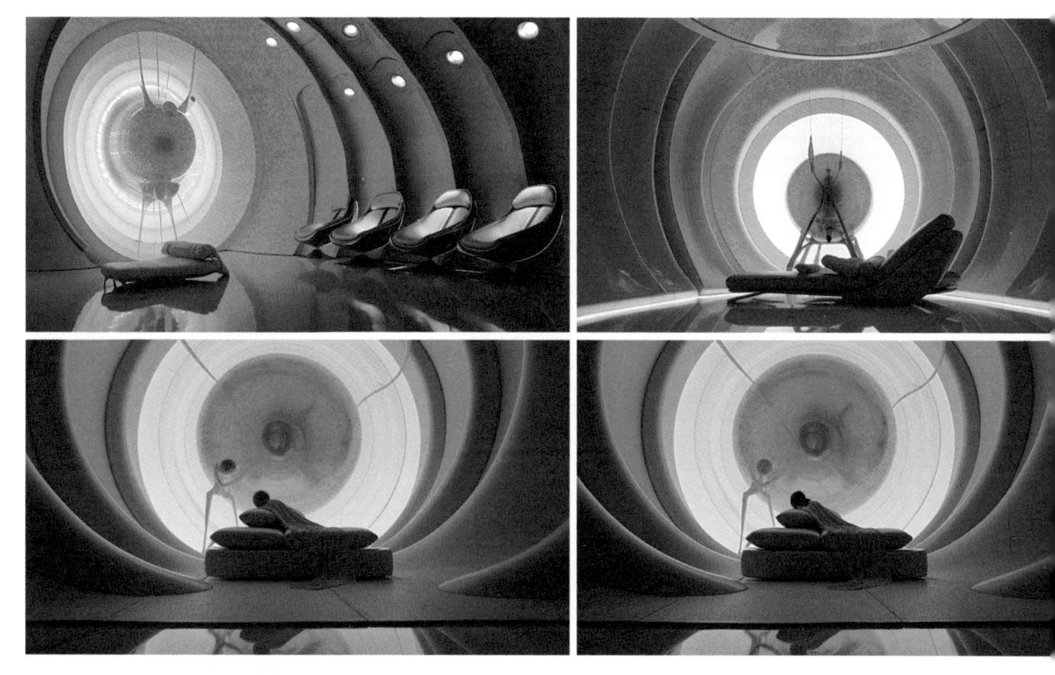

图 6-9　心理诊疗室生成过程

4 此时已非常接近想象中的那种眼睛注视的恐怖凝视感，甚至有生物状的血丝。美中不足的是其中沙发上躺着的看起来不像是个人类，以及“眼珠”旁边那个类似于仿生装置的存在有点显眼，可以使用局部重绘一步步替换。先把沙发上的“仿生人”替换成一个人类。

5 以此类推，再替换掉旁边奇怪的仿生装置，以及修改地面的材质使之成为完整一体的空间。

是不是很完美地描绘了脑海中的场景？

之后就是再和其他创意成员以及委托人讨论，逐步迭代到一个满意的结果。

如果愿意，甚至可以根据满意的效果直接进行空间建模，并继续进行工程图绘制以及根据预算调整设计等其他后续步骤。

图 6-10 “万有引力”号心理诊疗室

在体验式空间设计中使用 AI 工具有哪些启发?

What are the inspirations of using AI tools in experiential space design?

可以把 AI 视作无穷无尽的图书馆资源，可以帮助拓展知识储备。通过逐渐练习如何提出更有价值的问题，就会掌握“吸星大法”，高效吸收陌生领域的信息。给 AI 一个清晰的身份定位，比如“习惯于通过视觉进行思考的卓越概念设计师”，AI 就会去消化和筛选信息，甚至帮忙选题，或成为一本艺术史百科全书。

当然，如果涉及比较严谨的专业知识，还是需要使用更为专业的搜索引擎与工具，以防止 AI 产生幻觉出现胡编乱造的情况。

也可以开设和 AI 不同的对话频道以针对不同的功能进行训练，比如 AI 也可以成为设计师生成精准提示词的重要帮手，而设计师需要学习的是如何更好地引导 AI 回答。如果设计师能同时成为一个优秀的提示词工程师，即能够清晰流畅地用语言描绘出脑海中的图景，并且具备个人的审美以及一定的英文水平，设计师将拥有这个时代的强效催化剂。AI 可以帮助设计师非常高效地跳过烦琐的工艺以及修改的步骤，更聚焦于创意与想法本身。AI 本身并不能创造有意义的新内容，是具有独特审美的设计师驱动这驾马车朝着想走的路飞驰前行。

Q37

CHAPTER 7

AI 深化设计，实现时间自由！

Make Good Use of AI to
Deepen the Design &
Achieve Freedom from Work!

AI，你好。

在前面内容的帮助下，我现在已经能够根据每个项目的不同需求，使用 AI 工具帮助我找到富有创造性的建筑设计概念了。但在接触了更多实践项目之后，我发现像我这种初级 AI 建筑师，最花时间和精力的地方是设计深化和根据客户需求调整方案。

为了能按时下班，我再问 AI 一些关于方案深化和修改的问题吧。

AI 可以梳理方案深化阶段吗？

Can AI sort out the program deepening stage?

在建筑设计过程中，从最初的设计概念到成熟的施工方案，方案设计需要经历一个深化的过程。在这个阶段，建筑师往往需要进行大量思考和细化工作，使原始的设计概念逐步变得丰满和完整。这一环节需要许多细致入微的工作，以确保方案的可行性和高质量。

虽然不同项目所要求的具体方案深化流程可能有所差异，但通常包括以下 6 个步骤：

1. 明确设计目标

这需要深入分析项目的地理环境、文化背景、客户需求等，明确项目的定位和风格方向。同时要考虑使用者的功能需求，如空间的流线组织、功能区的设置等。还需要通过多方位分析来明确设计要传达的主题内涵。

2. 深入方案设计

这包括对平面布局进行多次论证，以找到空间使用布局方案的最优解。同时，还应该从不同的维度对方案进行反复思考，包括立面、剖面、结构体系和建筑构造，以确保方案的合理性。在这个阶段，建筑师需要不断地思考、调整和优化，让方案更加完善。

3. 模型制作表达

以往流程中，建筑师会制作实体模型来感受空间效果。现在越来越多的从业者会利用数字建模方法，方便输出高质量的建筑技术图纸，也帮助客户更好地理解设计意图。另外，手绘或渲染图也是直观展现设计成果构想的重要手段。

4. 明确设计细节

建筑师需要精心选择每一种材料的质感、颜色，以及设计节点构造和细部装饰，它们共同构成了完整的建筑设计语言。此外，还需要协同景观设计师，完成外围环境和细部景观设计。这些细节将直接影响项目质量。

5. 深化结构方案

建筑师需要与结构工程师合作，通过复杂的计算和模拟分析，确保结构安全性。同时要与工程师进行反复讨论结构体系的美学表达，逐步优化结构材料的选择，使之美观、高效、经济。结构是建筑的骨架，必须深思熟虑。

6. 制定施工方案

严谨的施工方案是质量和进度控制的关键。建筑师需要设计施工步骤，确保施工流程高效和安全进行。这一步需要建筑师与施工单位充分交流，并提出可行的施工建议。完善的施工方案能够指导工程的顺利实施。

设计方案深化是一个循序渐进的过程。作为刚接触 AI 的建筑师，可以与设计团队一起努力，将原始设计概念完美实现。这是展现建筑师责任与才华的重要阶段，相信可以在实践中逐步掌握设计深化的流程。

方案深化过程中能运用 AI 技术来提高效率吗？

Can AI technology be used to improve efficiency during program deepening?

当然，AI 技术不仅可以激发创意，寻找设计灵感，还可以在建筑设计的概念深化阶段成为提高工作效率的有力工具！以下是一些相对成熟地利用 AIGC 技术提高效率的方法：

1. 信息收集与分析

针对前文提到的第一步“明确设计目标和要求”，AI 可以辅助分析建筑项目场地，收集包括地形、光照、风向、附近的配套设施等原始信息。当 AI 协助将这些重要的场地要素汇总和分析后，便可以轻松地初步评估建筑设计中的限制条件和环境目标。例如可以基于这些信息，借助 Autodesk Forma 或 Noah 等软件的分析确定建筑的选址和朝向，满足光照条件等。

2. 自动化设计生成

如今，已经存在一些能够帮助建筑师快速布局平面设计的应用软件，利用生成对抗网络等技术，可以自动生成多种设计方案。当输入一些项目的关键指标，如面积、功能、出入口等信息时，AI 能够快速生成符合要求的多个平面设计选项，我们可以从中选择最理想的一个继续深化。如果客户对建筑的需求相对简单，AI 还可以在平面设计确定后继续生成 3D 模型，进而设计不同楼层并把它们叠加成一个完整的建筑模型。这下再也无需担心与客户反复确认功能布局的意向，因为在 AI 的协助下，我们可以迅速找到最合适的设计方案。

3. 可视化与细节演示

如前文所示，AI 在生成图像方面具有强大的能力。利用 AI 技术加速三维模型的渲染和增强可视化是目前最常见的应用之一。不仅可用于最终效果图的展示，还可以帮助建筑师更快地查看不同材料等设计方案的效果，及时进行调整和决策。因此，一些已熟知的图像生成工具，如 Midjourney 和 Stable Diffusion，也可用于研究建筑的细节。

4. 自动化项目分析

AIGC 技术已初步用于结构分析、能源模拟、施工设计等工程分析，帮助建筑师在深化阶段评估不同设计方案的可行性和性能，并基于设计参数和历史数据进行快速的成本估算，如 ARCHITEChTURES 就能实现实时的项目投入与效益计算。另一个应用是 AI 能够自动检测设计方案是否符合当地法规和标准，从而减少后期的修改。

总而言之，AI 技术的迅速发展使其在方案深化阶段的每一步都具有巨大的效率提升潜力。但是需要更精确、具体和私密数据的环节，对于 AI 产品的接入可能会有较高的门槛，这也是为什么许多平面自动生成和项目分析类的 AI 产品尚未广泛应用的原因。然而，无论是刚入职的建筑师还是拥有多年经验的专业人士，都可以借助图文类的 AI 大模型工具辅助探讨设计。

想象一下这种情景，当我们向客户汇报设计方案后，他们对整体布局形体感到满意，但认为建筑表面材料与环境不够契合，要求快速尝试不同的组合进行方案深化。通常情况下，可能需要大量搜索案例，思考不同材料和颜色的组合。但有了 AI 辅助，这一切可以变得更加高效。即使老板希望将材料改成“五彩斑斓的黑色”，也可以轻松满足要求。我们可以迅速看到各种设计的可能性，选择最符合理想效果的材料。

生成对抗网络（Generative Adversarial Network，GAN）：一种深度学习模型，由生成器和判别器组成，用于生成高质量的数据，如图像、文本等，可应用于生成式设计中的图像生成和优化。

如何通过 AI 辅助实现方案可视化和细节推演?

How can scenarios be visualized and details extrapolated with the aid of AI?

建筑设计方案的推演并没有一个标准的模式。有些建筑师擅长用草图勾勒设计理念，无论是扎哈·哈迪德（Zaha Hadid）那富有代表性的曲线手稿，还是伦佐·皮亚诺用手绘剖面来表现建筑对光线和风的响应，都能迅速传达设计方案的精髓。

Q40

斯蒂文·霍尔（Steven Holl）则热衷于使用水彩手绘图来呈现室内空间效果、材质、光影和尺度，从而更好地掌握方案细节。还有一些建筑师，例如雷姆·库哈斯和他的大都会建筑事务所更倾向于实体模型，他们的办公室通常摆满了有机玻璃和泡沫材料的模型，仔细观察后会意识到这些模型可能是对同一地点和项目的不同回应。OMA 相信，建筑方案是通过思想转化成模型，然后模型再次激发新思想的不断循环中逐渐完善的。日本建筑师坂茂则更注重从建筑材料和结构出发来思考方案，他对纸筒和抗震结构的研究使他在深化方案时更多地考虑使用者的需求和建筑性能。

那么 AI 如何参与其中呢？答案实际上就藏在问题中。由于 AI 快速可视化的能力，我们可以在建筑方案的研究和细节分析过程中采用新的方法。尽管主流建筑软件已经可以将 3D 数字模型导出为图纸用于内部讨论和与客户交流，但有什么比使用 AI 生成高度详细和逼真的渲染图更加高效的呢？建筑师可以利用现有的草图和 3D 模型生成效果图，也可以在现有方案图纸或效果图基础上迭代生成不同的设计方案，进一步比较和改进。这是否感觉更接近成为一位专业建筑师呢？让我们看看如何使用 Midjourney 和 Stable Diffusion 等工具，结合图纸和提示词来实现这一目标吧。

1. 从草图和 3D 模型图片到效果图

Prompt：professional architectural visualization，professional architecture photography，glass residential building，captivating exciting lighting，highly reflective modern glass building materials，a lot of scattered trees，nature，parks，atmospheric lighting，modern glass building，vibrant retail plaza，dramatic lighting

Negative Prompt：curvy lines，artifacts，pixelated，blurry，soft，painting，illustration，watercolor，painterly drawn，hand drawn，sketch

提示词：专业建筑可视化，专业建筑摄影，玻璃住宅大楼，引人入胜和令人兴奋的照明，高度反光的现代玻璃建筑材料，散布大量树木，自然，公园，大气照明，现代玻璃建筑，充满活力的零售广场，戏剧性照明

反向提示词：曲线，伪影，像素化，模糊，柔和，绘画，插图，水彩，绘画，手绘，草图

图 7-1　从草图到效果图生成结果

图 7-2　模型图片到效果图生成结果

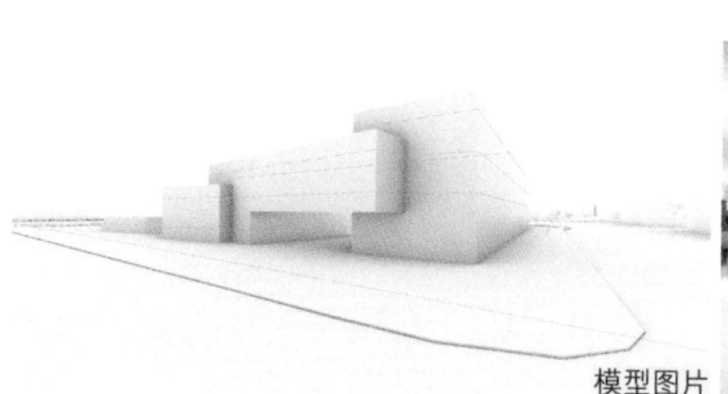

图 7-3　现有建筑立面与材料研究 1

2. 现有建筑立面和材料研究 1

Prompt：professional architectural visualization，professional architecture photography，glass residential building，captivating exciting lighting，Wooden facade，residential building

Negative Prompt：curvy lines，artifacts，pixelated，blurry，soft，painting，illustration，watercolor，painterly，drawn，hand drawn，sketch

提示词：专业建筑可视化，专业建筑摄影，玻璃住宅大楼，引人入胜和令人兴奋的照明，木质外立面，住宅建筑

反向提示词：曲线，伪影，像素化，模糊，柔和，绘画，插图，水彩，绘画风格，手绘，草图

3. 现有建筑立面和材料研究 2

Prompt：professional architectural visualization，professional architecture photography，glass residential building，captivating exciting lighting，Red brick Facade，tall building，hyper realistic

Negative Prompt：curvy lines，artifacts，pixelated，blurry，soft，painting，illustration，watercolor，painterly drawn，hand drawn，sketch

提示词：专业建筑可视化，专业建筑摄影，玻璃住宅大楼，引人入胜和令人兴奋的照明，红砖外墙，高楼大厦，超写实

反向提示词：曲线，伪影，像素化，模糊，柔和，绘画，插图，水彩，绘画风格，手绘，草图

图 7-4　现有建筑立面与材料研究 2

4. 现有建筑立面和材料研究 3

Prompt：professional architectural visualization，professional architecture photography，glass residential building，captivating exciting lighting，highly reflective modern glass building materials

Negative Prompt：curvy lines，artifacts，pixelated，blurry，soft，painting，illustration，watercolor，painterly drawn，hand drawn，sketch

提示词：专业建筑可视化，专业建筑摄影，玻璃住宅大楼，引人入胜和令人兴奋的照明，高度反光的现代玻璃建筑材料

反向提示词：曲线，伪影，像素化，模糊，柔和，绘画，插图，水彩，绘画风格，手绘，草图

图 7-5　现有建筑立面与材料研究 3

AI 工具还能运用什么设计要素快速生成不同方案？

What other design elements can AI tools use to quickly generate different solutions?

Q41

1. 建筑形态 比如调整建筑高度、宽度

Prompt：professional architectural visualization，professional architecture photography，glass residential building，Tall Building，captivating exciting lighting，highly reflective modern glass building materials，a lot of scattered trees，nature，parks，atmospheric lighting，modern glass building，vibrant retail plaza，dramatic lighting

Negative Prompt：curvy lines，artifacts，pixelated，blurry，soft，painting，illustration，watercolor，painterly，drawn，hand drawn，sketch

提示词：专业建筑可视化，专业建筑摄影，玻璃住宅大楼，高楼大厦，引人入胜和令人兴奋的照明，高度反光的现代玻璃建筑材料，散布大量树木，自然，公园，大气照明，现代玻璃建筑，充满活力的零售广场，戏剧性照明

反向提示词：曲线，伪影，像素化，模糊，柔和，绘画，插图，水彩，绘画风格，手绘，草图

2. 建筑功能 比如在办公空间增加共享会议室或休闲空间

Prompt：Add in enclosed meeting rooms，professional rendering，hyper realistic --ar 4∶3 --style raw --s 750

提示词：在建筑中增加封闭的会议室，专业渲染，超写实 --ar 4∶3 --style raw --s 750

图 7-6 建筑形态调整研究

原图

AI 生成

3. 建筑关系 比如调整几个建筑体块之间的距离、穿插、高低等

Prompt：protruding massing，professional architectural visualization，professional architecture photography，glass residential building，captivating exciting lighting，highly reflective modern glass building materials，a lot of scattered trees，nature，parks，atmospheric lighting，modern glass building，vibrant retail plaza，dramatic lighting

Negative Prompt：curvy lines，artifacts，pixelated，blurry，soft，painting，illustration，watercolor，painterly，drawn，hand drawn，sketch

提示词：突出的体量，专业建筑可视化，专业建筑摄影，玻璃住宅大楼，引人入胜和令人兴奋的照明，高度反光的现代玻璃建筑材料，散布大量树木，自然，公园，大气照明，现代玻璃建筑，充满活力的零售广场，戏剧性的照明

反向提示词：曲线，伪影，像素化，模糊，柔和，绘画，插图，水彩，绘画风格，手绘，草图

图 7-7 建筑功能调整研究

图 7-8 建筑关系调整研究

AI 如何整合两个不同方案的亮点生成一个新的方案？

How can AI integrate the highlights of two different solutions to generate a new one?

我们可以使用融合功能（/blend），它是 Midjourney 提供的一种工具，用于将两张图片进行融合成为一张图片，此图片将拥有被融合图片的部分特点。

试验 1:

/blend: Modern residential building that mixes elements of gothic and modern architecture，hyper realistic，dramatic lighting，clean design

/ 融合：现代住宅建筑，融合哥特式和现代建筑元素，超写实，戏剧性照明，简洁设计

图 7-9　哥特式现代建筑融合方案

原图 1

原图 2

AI 融合生成

试验 2：

/blend：Modern residential building，red brick and concrete materiality，modern architecture，hyper realistic，dramatic lighting，clean design

/ 融合：现代住宅建筑，红砖和混凝土材质，现代建筑，超写实，戏剧性照明，简洁设计

图 7-10　红砖现代建筑融合方案

原图 1

原图 2

AI 融合生成

对已生成的效果图进行细节微调，有什么快捷方法？

Is there any quick way to fine-tune the details of a generated rendering?

建筑设计效果图的制作是一个非常耗时的过程。建筑师需要通过各种软件渲染材质、调整光影、添加细节以呈现逼真效果。一旦需要对图纸进行修改，整个工作就需要重新开始，极大降低了设计效率。即使已经有符合设计的效果图，但需要更改细节，我们仍然可以使用 Midjourney 和 Stable Diffusion 等工具，结合图纸和提示词进行局部修改。

我们常用的 Photoshop 工具其实已经融合了 AI 的功能，在不切换工具的情况下快速进行编辑。其中一个工具就是 Adobe Firefly 推出的 Generative Fill，它利用 GAN 能够根据效果图的场景内容智能地补全图像。例如，建筑师在修改方案后只需输入建筑主体的新轮廓，Generative Fill 可以自动生成围绕建筑的自然景观、地面和其他建筑，使画面在场景衔接上显得非常自然。效果图编辑常见的需求包括：

环境氛围	建筑配景	使用场景	画幅调整
地理、光线、季节、天气	植物、家具、艺术品	人物、动物、交通工具	大小

下面就来尝试用 Generative Fill 从不同方面对一张效果图进行修改。这是一张使用 Midjourney 生成的美术馆效果图，建筑的设计已经很成熟，我们只需要提升一下画面效果。

图 7-11　原始美术馆效果图

Q43

1. 环境氛围 比如更换光线、季节和天气等

使用带有 Generative Fill 功能的 Photoshop 时，它将呈现一个独立的窗口。当我们选择需要修改的区域时，只需点击“生成”(Generate)，就能生成一个几乎无缝衔接的新图。现在的原始美术馆效果图中，建筑部分已经非常完整，但整体氛围相对单调。我们可以选中建筑背后的天空部分输入“云”，选中构图的左右上角部分输入“秋天的树枝”，选择地面部分输入“落叶”，将场景设置在一个晚秋的时节，同时增加框景效果，就可以获得替换环境氛围后的效果图。

2. 建筑配景 比如增加植物、家具和艺术品等

接下来，我们可以考虑建筑周边的环境以增加建筑配景。为了突出美术馆的主题并添加景观设计，我们可以分别选中台阶下的区域、前景大面积的铺装区域和远处的广场边缘，然后输入“红色雕塑”“秋天的草坪”和“公园座椅”，以获得如下图所示的效果。需要注意的是，每次点击“生成”按钮都会生成一个单独的图层，并且提供 3 个不同的图像选择，可以反复生成直到满意为止。

图 7-12 替换环境氛围后的效果图

图 7-13 增加建筑配景后的效果图

3. 使用场景 **比如添补人物、动物和交通工具等**

一旦设计要素齐全，便可以添加使用场景中的人群和活动场景。我们可以根据具体的功能类型选择输入提示词让画面充满生机，下面是添加了人群后的效果。

4. 画幅范围 **比如调整画幅大小等**

改变画幅也是一个常见的需求，但通常会受到素材的限制。Generative Fill 可以帮助我们自由地改变画框的边界。例如当使用裁切工具扩大画幅而需要增加背景时，只需点击“生成”，软件会自动补全周围的内容，最终的效果图看起来仍然是一幅完整的画面。

在 Generative Fill 和其他 AI 工具的加持下，改图变得更加简单和高效。大家可以在 Midjourney 和 Stable Diffusion 上尝试更多的提示词，以便更精确地引导 AI 工具进行图像编辑。

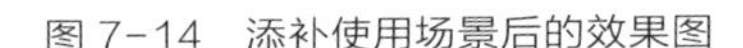
图 7-14 添补使用场景后的效果图

图 7-15 改变画幅范围后的效果图

AI 工具对建筑设计深化的提效到底意味着什么？

What does it really mean for AI tools to improve efficiency in the process of deepening architectural design?

AI 对建筑设计深化环节的提效给建筑师这一职业带来了前所未有的挑战与机遇。

一方面，传统的深化工作，如在分析设计定位、绘制施工详图、制定预算报价、材料选择等环节，都已经有望通过 AI 结合 BIM 技术实现自动化。建筑师可以摆脱重复单调的劳动，腾出更多时间进行创意设计和方案优化。另一方面，AI 也为建筑方案深化带来新的可能性，比如基于 GAN 的 AI 工具可以迅速罗列不同的设计可能性，用数据精确引导深化方向。

同时，AI 对最终细节的呈现将打破建筑师的思维定式，深刻影响设计深化的线性流程。当设计以完整的状态呈现在深化过程中时，建筑师需要处理的信息量更大，所要做出的取舍就非常重要。AI 的确基于庞大的数据库可以拓宽设计语言的边界，但它也存在数据本身的局限与偏见，需要建筑师掌握好方向盘，与 AI 工具形成良好互补，发挥人的独特优势，创造出有温度有见解的设计作品。

当然，建筑行业的数字化转型还处在持续的探索阶段，需要业内共同努力寻找 AI 赋能建筑设计的最佳路径。但无论如何，这场技术革新已经悄然来临，AI 必将改变建筑深化的工作方式。

CHAPTER 8

AI如何改变建筑设计未来?

How AI is Changing the Future of Architectural Design?

AI，你好。

多亏你一直以来的帮助，我已经从一无所知的初级 AI 建筑师成为能够在建筑与空间设计的各个阶段熟练运用 AI 工具的 AI 建筑师了！

但随着在建筑行业中接触的业务范围更加广泛以及对 AI 工具理解的逐渐深入，我也产生了一些困惑，并且经常有人对我的工作方法提出质疑，接下来我想就此跟你讨论一下。

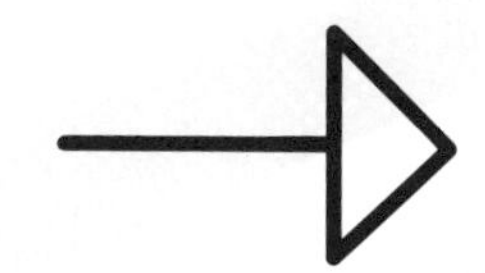

AI 技术可以运用在项目落地阶段吗?

Can AI technology be used in the project landing stage?

从目前来看，通用型的 AI 要在实际项目施工中取代人类建筑师还有一段距离。专门服务于建筑施工领域的 AI 目前还在试验探索阶段，人们也正在等待施工技术有所突破，能够早日与 AI 技术配合起来。所以距离 AI 真正大规模用于项目落地还有很多路要走，但也已经有了一些初步的实践案例：

在目前 AI 工具主要集中的对施工计划和管理的优化方面，微软公司已经在开发通过 AI 算法更好地进行复杂施工流程中不同承包商之间的工期协调的功能了，旨在帮助管理者找到更加合理的施工方案。

在监测方面，一些企业正在利用 AI 算法分析工地的监控摄像头并寻找潜在施工风险，还可以追踪施工进程并及时发现错误与安全隐患。

但 AI 也存在推广面有限、应用成熟度不够等问题。一个传播很广的、张贴在比利时的一座正在施工建筑表面的广告调侃地写道“你好 ChatGPT，完成这栋建筑……你的技能无可取代”。它来自当地的一所就业机构，意在强调建筑施工还是一项复杂且难以被 AI 替代的工作。目前业界仍需加大技术研发和产业化力度，积累更多实际项目应用经验，才能将 AI 技术更好地应用到建筑施工领域，实现生产力提升。总体上，这是一个方向正确但仍需努力的应用领域。

人类建筑师有哪些 AI 难以模拟和学习的优势?

What advantages do human architects have that are difficult for AI to simulate and learn from?

AI 的确可以帮助建筑师构想方案和提高效率，但和人类相比它还是存在着较大的局限性:

1. 创造性

首先，AI 在建筑设计中可能无法展现和人类一样的创造力和直觉，这可能导致设计缺乏独特性。其次，AI 的性能和准确性取决于所使用的数据集的质量和数量。如果数据有偏差或不完整，AI 的设计建议可能就不够准确或合理，或者只能在有限的范围内进行创造。而且在一些复杂情景下，人类能基于经验做到整合判断、预判未知的情况，AI 则难以匹配这样的想象力和洞察力。此外，当代建筑历史上的设计思潮往往也体现了对社会发展状态的反应，一些先锋的建筑师甚至将建筑作为一种表达思想的方式，而建筑设计也会体现出超越时代的理念，比如日本的新陈代谢派认为建筑应该拥有生命周期来应对社会所面对的信息革命。这样的思潮即便很快退去，但也是人类独特的思想体现。

2. 连接性

人类具有跨领域知识迁移和概念连接的能力，不论是个人的生活经验还是不同感官和思维方式的整合，都有难以复制的优势。建筑领域对团队合作的极高要求也使得人与人之间的思维碰撞和沟通交流更有价值。比如在体验一个建筑空间的时候，我们不仅会用双眼去感受设计构成、光影变化，也会用双手去感受材质的肌理，用耳朵去感受空间里的声学特性，用肌肤去感受设计带来的风与温度的控制。所有的感官在脑海中被处理成一个统一的印象，这是 AI 难以去处理和连接的信息。

3. 理解力

虽然 AI 在对指令的理解上进步飞速，但是对人类情感和需求的细腻理解还没有实质性的突破。在建筑设计中，建筑师除了要满足使用者的基本功能需求，还要综合考虑文化脉络、情感价值等非直观视觉的部分。很多感人的建筑作品所塑造的场所精神，例如传统园林空间里的诗性或是教堂空间的神性都是无法被简单复制的。

如果对建筑师的工作内容进行梳理，被 AI 取代的顺序大致如下：

1 设计方案的图纸绘制。这是非常机械的重复性工作，传统手绘已经被 CAD 软件取代，未来基于 AI 的图纸生成或许也可以做到全自动、高效率绘制。

2 设计细节的精细化处理。如墙体节点、装饰花纹等大量重复性细节设计，也许可由 AI 自动高效完成。

3 设计方案的模拟演算。未来的 AI 可以代替人工进行结构、空气流动等专业模拟，评估不同方案的优劣。

4 设计风格的演绎和融合。AI 通过学习可以模仿并重新演绎古典风格，也可实现多种风格的融合。

5 与客户的沟通协调。未来的 AI 平台也许能做到智能处理来自客户、监管方、施工方的问题并辅助建筑师进行协调。

6 方案的对比优化。AI 可以快速产生大量方案并评估筛选，也可以协助建筑师选择最优方案。

7 对人文价值和场景氛围的把握。这部分工作更多需要人的经验，AI 难以独立完成。

8 对建筑整体创意的构想。建筑设计的核心创意仍需要人的智慧，是很难被取代的。

综上所述，一切重复性强、可量化的工作都可能由 AI 自动完成，但建筑设计的核心仍需要建筑师把控。总的来说，AI 是助力而非代替。

在建筑设计中使用 AI 工具，需要注意哪些问题？

What do architects need to be aware of when using AI in architectural design?

普遍来讲，AI 生成的内容确实需要我们保持警惕，因为它有限的知识来源决定了它的输出也会有局限性，甚至可能生成虚假、错误或是有争议的信息。而针对建筑设计，可能以下几个方面的问题更为关键：

1. 偏见和不平等

如果 AI 的训练数据存在偏见，例如性别、种族或文化方面的偏见，其设计结果就可能会反映这些偏见，进而加剧社会的不平等。AI 的训练数据集需要多样化，AI 系统也需要更透明地解释其决策过程和结果并接受外部审查和批评，以此来不断优化系统。

2. 人类参与减少

过度依赖 AI 可能导致人们对于建筑设计的主动参与减少，这可能导致未来建筑师专业知识不足和技能水平低下。如果只是输入一些提示词就能让 AI 生成设计方案，可能会降低建筑师从事创意思考的动力，而且完全依赖 AI 容易造成设计质量的降低。

3. 隐私和数据安全

AI 在辅助设计过程中可能涉及大量的个人信息和敏感数据处理，比如客户的需求数据、工程信息图纸等。

4. 设计的版权问题

建筑设计的版权问题一直是一个较为复杂的话题，建筑设计方案之间存在较多的借鉴和风格模仿，而 AI 基于互联网已有的数据生成结果，如把扎哈·哈迪德、弗兰克·盖里等风格明显的建筑师的名字作为提示词，很有可能会引起版权问题。

如何识别和消除 AI 生成中的偏见？

How to identify and eliminate biases in AI generation?

AI 在建筑设计领域中的数据偏见主要来源于以下几个方面：

1 训练数据的不足与偏差。原因是当前 AI 工具的训练数据主要来源于欧美地区，这便导致了 AI 工具可能缺乏对其他地区数据资料的涵括。

2 数据标注阶段的主观偏见。例如个别标注人员可能存在对空间功能和使用方式的刻板假设，造成会议室只标注适合成年男性人体尺寸的数据等情况。

3 算法本身的局限性。算法对少数用户群体的特殊需求回应不足导致生成结果难以满足这些用户的需求。

4 生成图片的应用场景限制。当前 AI 生成的图片结果主要考虑了视觉呈现效果，而没有考虑到不同用户的实际使用感受。

5 利益的驱动。数据采集和模型训练更侧重主流用户偏好，而容易忽视少数群体的需求。

6 AI 开发者可能缺乏对算法伦理的自我审查。开发者在开发过程中没有意识到算法可能存在的歧视或偏见。

AI 生成中存在的偏见的典型例子是：在 AI 生成的公共场所图像中往往不存在轮椅用户，这就导致直接采用这些 AI 生成图片进行空间演示和效果展示时可能会忽视轮椅通行空间的设计，轮椅用户“隐身”了，他们的需求也被忽视，这就造成了建筑空间中对特定群体的不友好。

因此，当建筑师在使用 AI 工具时，可以选择训练更加多元化并且注重数据伦理的工具，同时建筑师本身应该注重自身对多元文化和多种用户群体的了解来加强自身的辨别能力。

在建筑设计领域使用 AI 生成图片时，可以从以下几个方面着手识别和消除数据偏见：

1. 审视 AI 工具训练数据的来源是否涵盖不同地域、文化、经济环境与年代的建筑样式。
2. 检查训练数据对空间场景的标注方式，是否存在对某些群体或活动的刻板印象。
3. 选择采用更加多元化和包容的训练数据，反映不同文化、年龄、性别等用户群体的需求。
4. 增加数据采集与标注阶段对潜在偏见的审查流程，提高对算法公平性和透明度的要求，追踪并消除其中的偏见。
5. 时刻评估生成结果对空间使用的描绘是否存在对某类用户的忽视或歧视，识别其中的偏见并不断优化模型。
6. 建立伦理规范，要求开发者负责任地使用技术，尊重不同用户群体。
7. 增强建筑师和公众对算法偏见的认识，合理且谨慎地使用 AI 生成的内容。

以上都是识别和消除偏见的有效措施，需要开发者、建筑师和公众的共同努力才能防止 AI 的应用加剧潜在的歧视。

如何防止过分依赖 AI?

How to prevent architects from over-reliance on AI?

我们必须明确 AI 只是辅助设计和增强效率的工具，不能替代设计师的创造性思维。在设计流程中，建筑师需要保持对设计概念和关键决策的主导权，而不是完全依赖 AI 进行设计产出。

当我们得到 AI 给出的各种设计方案时，也不能直接将其作为正确答案，而是应保持批判性思维，从 AI 不擅长的情感、人文价值等方面整体地审视不同方案的优劣。此外，我们可以比对不同 AI 工具的设计输出，而不仅仅依赖单一工具，以避免其潜在局限性。同时要关注我们之前谈到的有关于 AI 自身的局限，如数据偏见等问题，保持清醒认知，不要对其产出的结果盲目信任。

另一方面，建筑师也要培养独立的设计思考能力，不让大脑对 AI 产生依赖，陷入惰性。人机互补是最佳设计模式，能够发挥各自的优势和功能实现协同工作。当我们使用 AI 工具时，可以尝试同时用传统的方式（如手绘和模型等）进行推敲，让人机的思维模式互相碰撞。此外，建筑师还需要努力掌握算法原理而不是仅停留在用户的层面，这样我们才能够增加对生成结果的理解和解释能力，让工具为人类的创造力发挥更大作用。我们也要关注 AI 应用的伦理规范和社会影响，明确技术的边界和限度。

最后，作为建筑师应该时刻保持好奇心和想象力，不断提升自身设计能力。只有这样，才能避免过度依赖 AI，保持设计的专业与创意。

如何规避信息安全与知识产权风险？

How to avoid risks in information security and intellectual property?

AI 生成设计在信息安全和知识产权方面确实存在一些灰色地带，这使得设计师在使用时面临一定的风险。

例如有的 AI 系统可能会利用网络上的图像资料进行训练，其中可能含有受版权保护的设计作品，而这些参考资料的来源及其用途的合法性就存在争议。一些用户还会利用 AI 产出直接盗用他人的设计理念并商业化应用，这便存在着潜在的法律风险。此外，AI 生成的设计作品的知识产权归属也很难确定，不同国家和地区、不同 AI 工具目前对于生成图像的版权归属的规定也不尽相同，这使得生成的图像有可能属于训练 AI 系统的开发者，也可能属于具体的用户或公共所有。这便对使用 AI 工具的设计师的知识产权保护带来了难度。

例如在 2023 年 8 月，美国华盛顿特区联邦最高法院便判定“由简单提示生成的艺术作品”不受版权保护，并拒绝了为计算机科学家斯蒂芬·塞勒（Stephen Thaler）使用他的 AI 工具创意机器（Creativity Machine）生成的《近访仙境之门》（*A Recent Entrance to Paradise*）进行版权注册。

从这一角度来说，当我们进行人机协同的建筑空间设计时，往往不会将由简单的提示生成的图像直接当作我们的设计。机器的创作与人类的输入各占多少比例时 AI 生成的设计才能拥有版权保护，也是一个值得思考和关注的问题。

面对这些风险，作为设计师我们要做的是：第一，选择技术可靠和信誉良好的 AI 工具，他们可能会考虑知识产权问题；第二，尽量限制生成范围并谨慎选择提示词，不要涉及别人的专利设计，不要主动侵害他人版权；第三，将 AI 主要作为辅助工具使用而非商业化产出工具；第四，时刻关注行业规范和政策进展，认真阅读用户协议，明确合理使用范围；第五，必要时寻求法律援助，确保 AI 工具的合规使用。总之，我们需要理性看待并规范使用 AI 生成工具才能规避法律风险。

AI 在建筑设计领域还有什么值得期待的突破？

Q51

What other breakthroughs can we expect from AI in architectural design?

最值得期待的可能莫过于设计全流程的自动化、一体化，这意味着建筑设计的门槛将会大大降低，人人都可以在 AI 和建筑师的指导下设计自己理想中的建筑。

1. 打通设计全流程

根据我们之前的问答，相信已经感受到 AI 技术正在努力尝试和逐步实现对建筑设计流程革命性的一体化改造。从最初的设计灵感采集到方案设计、结构评估、施工协调，再到后期的管理，AI 的力量正在渗透建筑设计的方方面面。市场上存在的 AI 工具通常还是针对某一个设计环节所研发的，比如我们已经聊过的灵感环节、设计深化环节等，其中的一部分原因在于 AI 技术本身还是以文字和 2D 图像为主，而建筑的 3D 数据更加的复杂，所以还是需要建筑师在不同的环节输入指令和做出判断。另一个原因是设计流程的螺旋式进程，也就是说建筑设计流程本身不一定是线性的，在此过程中种种变量的出现和设计方法的不断改变会给一体化带来很多挑战。还有一个原因则是建筑要求极高的精确性，不论是建筑师对于尺度的把握还是工程师对于结构的计算，都是生成式 AI 系统需要攻克的难题。

2. 自主建筑施工与建筑机器人

我们刚说了建筑机器人在施工环节的各类工艺中的自动化，但也提到了人们目前并不认为 AI 能替代建筑工人。机器人在建筑工地中的确限制颇多，不像生产产品的流水线作业那么简单。但如果我们大胆地畅想一个 AI 提高建筑施工效率和安全性的未来，或许 AI 可以去尝试：

1. **多模态感知技术**：具有视觉、听觉等多种传感器，实现对施工现场的全方位环境感知。
2. **自主规划和协作**：机器人可以进行更高级的自主决策和协同工作，减少人为干预。
3. **混合现实辅助**：使用 AR、VR 与工地实景相结合，辅助机器人进行精确操作。
4. **与 3D 打印技术结合**：大规模运用 AI 结合 3D 打印技术实现模块化建造和现场制造，减少工序。
5. **智能监测和预测**：实现对工程结构安全和施工质量的智能监测和风险预测。
6. **人机交互的自然化**：形成语音、手势等更自然的交互方式。

3. 智能建筑自动化

AI 可以进一步实现建筑智慧运营与维护，从建筑结构到设备管理都能实现更高效的能源利用和自动维护，在建筑的整个生命周期中提供智慧运营和维护支持，使建筑更智能、高效和可持续。VR 和 AR 技术结合 AI 也可用于协调施工单位进行远程模拟建造，确保各方协作顺畅。AI 可以通过对建筑操作数据和用户反馈的分析实现对建筑的持续优化并为未来项目提供经验。

4. 拥抱未来建筑师

在我们实现了全流程的协同工作之后，AI 建筑设计与人类的关系也会随之发生变化。如今 ChatGPT 对于生活所有与文字相关的部分都带来了革命性改变，试想一下设计建筑就像与人聊天一样简单，一个个 AI 建筑产品也会对生活方式、建造方式带来颠覆。以现有的一些室内设计 AI 协助产品为例，可以在手机上快速地实现对新家的装修设计、与施工人员联络甚至产品的采购，那么我们是否可以想象一种类似的建筑设计的场景：不再需要端坐在一台装有各式设计软件的电脑前进行重复性的改动、发送无数电子邮件给不同的协作方，而是在极为方便的虚拟交互界面让 AI 协助完成设计与沟通并做出即时的反馈。

当 AI 逐渐承担更多的机械性工作，建筑师该干什么？

What should architects do as AI takes on more mechanical tasks?

建筑师的使命绝不仅仅是机械地绘制平面图纸、计算结构数据，而是为人类塑造更多更美好的空间。过去我们专注于实体建筑，但时代的潮流正在加速变化。我们不能故步自封，必须敏锐地捕捉时代的信号，勇于探索建筑设计的新可能。

是的，AI 正在不断蚕食我们的工作内容。计算结构、自动生成设计，这些我们过去投入大量时间和精力重复进行的任务，现在由 AI 以几乎零成本高效完成。我们不能抵抗科技进步的潮流，但也不能被动地让技术淹没我们的专业价值。在繁重和机械性的工作被 AI 解放的同时，我们必须主动开拓新的领域。

例如元宇宙就是一个值得建筑师积极探索的新方向：建筑师可以打破重力限制，设计悬浮在虚空中的建筑，让用户仿佛身在外太空；可以无限延伸空间尺度，设计远超现实世界规模的大建筑；可以融合多种风格、形态，设计出超现实的建筑等。利用 AR 和 VR 技术，建筑师可以研究如何利用虚拟空间改善实体建筑使用体验，为用户提供动态叠加的空间信息、虚拟导览等服务；也可以在虚拟空间中模拟建造过程，帮助用户更好地理解建筑。建筑师还需要关注可持续发展、绿色环保方向：可以利用新技术和新材料设计零能耗建筑；可以通过计算生命周期成本，设计更经济环保的建筑；可以应用模块化和可拆卸设计，提高建筑更新变化的灵活性等。

建筑不仅满足使用需求，更是文化寄托。建筑师需要保有人文情怀，传承历史文化，赋予建筑以灵魂，这也是 AI 难以完全做到的地方，因此不断探索建筑新可能、与 AI 形成互补合作则是建筑师应对未来的最佳路径。

Q52

未来，建筑将呈现出更加多元化的可能性。让我们建筑师主动拥抱变革，保持设计热情，用热情与智慧引领行业发展的新方向吧！

AI 的高度参与，建筑会变成什么样？

What will architecture become when AI is highly involved in design?

正如工业革命所带来的技术革新让现代城市的面貌与过去大不相同，我们可以大胆地猜测，AI 技术在建筑设计中参与也必将会让我们生活的空间面貌和建筑样式产生变化。

1. 建筑形态也许会变得更复杂

依托高算力与庞大信息库，AI 生成能够迅速创造出丰富的空间体量组合、流畅的三维曲线、繁复的建筑样式，甚至是复杂的仿生有机形态。因此在未来，我们的城市可能会从现在“千城一面”的水泥森林变成争奇斗艳的建筑博览会。

2. 建筑将会变得更加风格化

由于风格强烈、特征明显的信息更容易被 AI 所捕捉，也由于部分建筑师可能会为了追求视觉效果的冲击力而选择使用某一些风格明显的建筑师和艺术家作为提示词，这可能将导致建筑外形会变得更加风格化。

3. 建筑将会变得更加个性化

AIGC 设计工具让建筑师能够更加紧密地与客户沟通，同时更加方便地反馈客户的需求。随着这些工具的发展，客户甚至能够可以自己动手调整设计和清晰展示自己的偏好，那么这时候建筑将会变得更加个性化。在过去，虽然建筑师和客户也会进行沟通，但是最终的建筑形态还是出自建筑师之手。这背后大多是建筑师的偏好和他所受建筑教育系统认同的审美，而 AI 参与的建筑设计可能会打破这一局面，让建筑更多地反映客户个人的喜好与情感，而非建筑师。

4. 建筑会变得更加标准化与模块化

随着 AI 与数字化建造技术的结合，机器人和机械臂可能会代替建筑工人来完成危险的施工任务。在这种情况下，将建筑拆分成一个个模块和单体，则能够让 AI 更好地识别和指导操作，从而提高建造的效率，降低施工成本。在这种趋势下，未来我们的城市虽然看似复杂，但仔细一看，就会发现城市仍然可能是由一个个重复的单体组成的。

5. 建筑形态会更加符合高效率的理性需求

当我们在关注建筑外形与美观的时候，建筑的实用性和可持续性也是不可忽略的。能源紧缺是当今世界公认的难题，也有大量的建筑师专注于建筑的可持续性与低碳设计。然而作为人类，建筑师可能无法实时关注到每一个设计决定，对于建筑效率与可持续性的全方位影响。比如我们可能为了减少城市热岛效应而选择做了一个屋顶花园，然而却忽略了它长期维护所产生的碳排放和维护费用。当 AI 与建筑自动化工具主导可持续建筑设计时，可持续将更多地从设计概念转化为实际收益。从对建筑外形的影响来看，这也许意味着一个高层居住建筑的开窗将完全依照最低的设计需求来确定朝向大小，一个公园的树将依照人们对树荫的需求来布置，这必然会使得城市空间变得有所不同。

6. 建筑形态的生成转变为自下而上的方式

从古至今，建筑设计往往是一个自上而下的过程，建筑师总是先设计了一个大盒子，再将大盒子划分成许多的小区域，建筑的建造也往往是先有了最终的愿景和蓝图，然后再一点点地建造出来。然而蚂蚁的世界里，它们没有最终的设计目标和蓝图，也能通过每只工蚁不断的挖掘而产生庞大的地宫。在 AI 与建造机器人参与的建筑设计中，人类空间也许能产生真正的自下而上的、符合环境的设计。基于个体所设置的规则，建筑形态会在生成或建造的过程中，反映每一寸土地所不同的条件与限制。

建筑师与 AI 高度协同，人类的空间环境会越来越好吗？

When architects and AI are highly synergistic, will the human spatial environment get better?

展望建筑师与 AI 的高度协同化未来，人类的空间环境有可能变得更加智能化和高效率，但是否越来越好，还取决于如何善用科技。

从积极角度来看，AI 助力具备创意的建筑师团队可以更快地设计出功能完备、经济高效的建筑。它还可以帮助模拟不同设计方案带给使用者的体验，优化空间的人性化。标准化和模块化的智能建造方式可以降低成本和时间，同时丰富的虚拟现实、数字化内容也会为人们提供更多元的空间使用体验。

但是，如果设计只是单纯依靠机器而丧失了人的智慧、创造和情感，空间环境也可能陷入冰冷、单一、缺乏变化的状态。

所以空间环境能否变得越来越好取决于人类如何看待科技创新，这需要设计界与科技界的共同努力与探索。

在与 AI 形成高度协同的未来里，作为建筑师，我们要深刻理解设计的本质是对未来环境的思考，是对人的热爱和关怀。我们不应该被科技所淹没，更不应该忘记自己作为人类的身份。科技在建筑空间机器性方面的作用，需要我们以更加人性化的视角观察和理解使用者的精神和情感需求，从而塑造与之对应的空间环境。

如果建筑师与 AI 技术形成优势互补的关系，将科技视为探索人文价值的工具，我们一定能够善用技术进步的成果，创造出既高效便捷又充满人性光辉的建筑空间，真正为社会与人类谋福祉。

未来已来，人类欢迎提问。答案 Loading……

< 写在后面

感谢为本书提供真实试验案例的吴逸青、乐梦园、李轩昂、李可欣、刘奕昌、蔡伊凡，支持并推动 AI 技术在建筑设计领域应用的赵辰伟、范佳宇和苏涛，以及辅助本书写作的 ChatGPT。最后特别感谢中国建筑工业出版社相关人员的辛苦工作！

何盈

吴逸青

感谢 AIGC 社群，既包括训练 AI 模型的工程师，也包括提供各种图形化工具的爱好者，更包括网络上使用 AI 创作的艺术家以及无偿分享教程的老师们。AI 模型本身是一个四通八达的黑暗洞穴，他们就像在洞穴中举着微弱火把前进的探险者，为我们这样的后来者照亮寻找宝藏的道路。我相信在这样一个无私分享的社群努力下，我们将会收获越来越多的宝藏。我还要感谢普林斯顿大学，为我们的项目提供了具有浓厚历史的场地，真实而具体的需求。

乐梦园

感谢一起撰写本书的小伙伴们，也感谢开源精神，这是这个时代特有的精神力量，让我们在分享自己探索到的小角落的同时吸纳了大量同好者共同的智慧结晶。我们像是在共建 21 世纪的巴别塔，为了探索宇宙的奥秘，尝试打破语言的壁垒，去学习以前一个人一生所不可能穷极的知识。也是这样的机缘，让我们能够跨越行业的边界，探究不同领域的神奇。也希望我们能尽一点绵薄之力，让创意工作者从一些繁复的步骤中解脱出来，更好地专注于想象力和思考本身。

李轩昂

这本书的制作过程充满了人与人、人与 AI 的协同合作。我想感谢所有一同探索 AI 在建筑设计领域运用的从业者。不论是共同创作本书的朋友们，还是无私分享经验的老师们，他们都帮助我再一次感受到创作的兴奋，领略到建筑新的可能，并加入到设计方法的变革。希望这本书也能带你走进一个正在被技术所颠覆的建筑世界，并大胆地做出属于你的尝试，参与到 AI 设计实践中。感谢每一位抱有好奇心的同路人。

李可欣

感谢我的头号粉丝们——父亲李映德和母亲严匀豆，一直默默支持我的热爱。感谢 Micky 当初领我这个跨界小白入门，一直相信我并在各个方面指引我，让我渐渐发现自己的特长。感谢这几个月一起合作这本书的小伙伴们，特别靠谱和有趣，如果没有你们最后可能就是一本平平无奇的工具书。感谢这个时代，感谢这些颠覆性技术背后的研究人员，感谢他们创新开拓钻研的精神。感谢我的多酱和娃娃们，总是能够让人安心。最后，希望科技向善，我们一起努力，与你握手。

刘奕昌

感谢一起写这本书的团队，让我能够拥有这次深入探讨 AIGC 在建筑领域应用的机会。这是一个激动人心的时代，我们正处于一场社会和职业变革的前沿。同时也感谢您，读者，选择这本书作为通往建筑新时代的指南。随着技术的创新和时代的变迁，我们现有的认知与理论都将成为一道道历史的车辙。就让我们拥抱创新，为充满可能性的未来做好准备。期待在与 AI 技术共同进步的未来，我们能够携手孕育出更多富有创造力与生命力的建筑设计。

蔡伊凡

作为一名设计师，AIGC 技术的颠覆性让我感受到了 19 世纪的人们面对工业革命时的兴奋与恐惧，在惊叹于技术的神奇时也会担忧传统设计实践是否会因此衰退。技术与时间滚滚向前，这也激励了我们去思考，脱去华丽的外衣和深奥的理论，建筑这一存在了几千年的传统行业的核心到底是什么？私心认为，设计最终构建的是人与外界的关系，只要建筑的使用者依然是人，人类建筑师永远不会被取代。感谢 Micky 邀请我加入本书的创作团队，还有所有一起撰写与编辑本书的伙伴，每天不断地提供来自不同赛道上的独特视角与养分。感谢江贺韬慷慨地提供 AIGC 技术与城市规划的个人研究成果。最后我要感谢我的爸妈，他们让我知道无论从事什么行业，我们都应该独立并善良地去思考。

图书在版编目（CIP）数据

AI建筑必修：从ChatGPT到AIGC / 何盈主编．—北京：中国建筑工业出版社，2023.11
（从AIGC到未来建筑）
ISBN 978-7-112-29238-7

Ⅰ.①A… Ⅱ.①何… Ⅲ.①人工智能—应用—建筑设计—计算机辅助设计—应用软件 Ⅳ.①TU201.4

中国国家版本馆CIP数据核字（2023）第184346号

责任编辑： 费海玲　张幼平
文字编辑： 田　郁　张文超
书籍设计： 张悟静
责任校对： 张惠雯

从AIGC到未来建筑
AI建筑必修　从ChatGPT到AIGC
何　盈　主编
*
中国建筑工业出版社出版、发行（北京海淀三里河路9号）
各地新华书店、建筑书店经销
北京锋尚制版有限公司制版
临西县阅读时光印刷有限公司印刷
*
开本：889毫米×1194毫米　1/24　印张：8⅓　字数：200千字
2024年5月第一版　2024年5月第一次印刷
定价：**79.00**元（含增值服务）
ISBN 978-7-112-29238-7
（41959）

如有内容及印装质量问题，请与本社读者服务中心联系
电话：（010）58337283　QQ：2885381756
（地址：北京海淀三里河路9号中国建筑工业出版社604室　邮政编码：100037）